DE QUE SÃO FEITAS AS COISAS

DE QUE SÃO FEITAS AS COISAS

10 materiais que constroem o nosso mundo

Mark Miodownik

TRADUÇÃO
Marcelo Barbão

Título original: *Stuff Matters – The Strange Stories of the Marvellous Materials That Shape Our Man-Made World*
Original English language edition first published by Penguin Books Ltd, London
Text copyright © Mark Miodownik, 2013
Copyright desta edição © Editora Edgard Blücher Ltda., 2015
The author and illustrator has asserted his moral rights.
All rights reserved.
2ª reimpressão – 2019

Publisher Edgard Blücher

Editor Eduardo Blücher

Produção editorial Bonie Santos, Camila Ribeiro, Isabel Silva

Diagramação Negrito Produção Editorial

Preparação de texto Thaís Totino

Revisão de texto Bruna Gabriel Pedro

Capa Leandro Cunha

Produção gráfica Alessandra Ferreira

Comunicação Jonatas Eliakim

Blucher

Rua Pedroso Alvarenga, 1245, 4º andar
04531-934 – São Paulo – SP – Brasil
Tel.: 55 11 3078-5366
contato@blucher.com.br
www.blucher.com.br

Segundo o Novo Acordo Ortográfico, conforme 5. ed. do *Vocabulário Ortográfico da Língua Portuguesa*, Academia Brasileira de Letras, março de 2009.

É proibida a reprodução total ou parcial por quaisquer meios sem autorização escrita da editora.

Todos os direitos reservados pela Editora Edgard Blücher Ltda.

FICHA CATALOGRÁFICA

Miodownik, Mark
    De que são feitas as coisas: 10 materiais que constroem o nosso mundo/Mark Miodownik; tradução de Marcelo Barbão. – São Paulo: Blucher, 2015.
    312 p.: il.

    Bibliografia
    ISBN 978-85-212-0965-2
    Título original: *Stuff Matters: The Strange Stories of the Marvellous Materials That Shape Our Man-Made World*

    1. Ciência dos materiais – Obras populares
I. Título II. Barbão, Marcelo

15-1030   CDD 620.11

Índices para catálogo sistemático:
1. Ciência dos materiais

Para Ruby, Lazlo e Ida

Conteúdo

Introdução 9

1 Indomável: aço 21

2 Confiável: papel 43

3 Fundamental: concreto 77

4 Delicioso: chocolate 101

5 Maravilhoso: espuma 123

6 Imaginativo: plástico 145

7 Invisível: vidro 183

8 Inquebrável: grafite 205

9 Refinado: porcelana 229

10 Imortal: implante 245

11 Síntese 267

Agradecimentos 283

Leituras recomendadas 287

Índice remissivo 289

Créditos das fotos. 303

Introdução

Enquanto estava em um trem sangrando em razão do que mais tarde seria classificado como uma ferida de lâmina de treze centímetros, eu me perguntava o que fazer. Era maio de 1985 e eu tinha acabado de entrar em um vagão do metrô de Londres bem quando a porta estava se fechando, deixando meu agressor do lado de fora, mas não antes que ele tivesse conseguido me ferir nas costas. A ferida ardia como um daqueles cortes de papel no dedo, e não percebi a seriedade da coisa; mas, sendo um estudante britânico na época, o embaraço superou qualquer tipo de senso comum. Então, em vez de pedir ajuda, decidi que a melhor coisa seria me sentar e ir para casa, e foi isso, por mais bizarro que pareça, o que fiz.

Para me distrair da dor e da sensação incômoda do sangue escorrendo pelas costas, tentei entender o que tinha acabado de acontecer. Meu assaltante tinha se aproximado de mim na plataforma pedindo dinheiro. Quando neguei com a cabeça, ele chegou desconfortavelmente perto, olhou para mim intensamente e falou que tinha uma faca. Algumas gotas de sua saliva atingiram meus óculos quando ele disse isso. Segui seu olhar até o bolso do casaco

DE QUE SÃO FEITAS AS COISAS

azul que usava, no qual estava enfiada sua mão. Tive a sensação de que era seu dedo indicador que estava criando a saliência pontuda. Então outro pensamento cruzou minha mente: mesmo se ele tivesse uma faca, deveria ser tão pequena para caber naquele bolso que não poderia me causar muitos danos. Eu tinha canivetes e sabia que seria muito difícil que uma lâmina daquelas superasse as muitas camadas de roupa que eu estava usando; minha jaqueta de couro, da qual sentia muito orgulho, meu blazer de lã cinza da escola por baixo dela, meu suéter de nylon com gola V, minha camisa branca de algodão com a gravata escolar obrigatória com meio laço e meu colete de algodão. Um plano se formou rapidamente em minha cabeça: continue falando com ele e depois passe por ele, empurrando-o, e entre no trem quando as portas estiverem se fechando. Eu conseguia ver o trem chegando e tinha certeza de que ele não teria tempo para reagir.

O mais engraçado era que eu estava certo em uma coisa: ele não tinha uma faca. Sua arma era uma lâmina de barbear enrolada em fita. Esse pequeno pedaço de aço, não muito maior que um selo postal, tinha cortado cinco camadas das minhas roupas e depois a epiderme e a derme da minha pele de uma vez, sem qualquer problema. Quando vi aquela arma na delegacia mais tarde, fiquei espantado. Tinha visto lâminas de barbear antes, claro, mas agora compreendia que não as conhecia bem. Tinha acabado de começar a fazer a barba na época, e só as tinha visto em plásticos laranja, na forma de barbeadores Bic bem seguros. Quando a polícia me perguntou sobre a arma, a mesa entre nós balançou e a gilete em cima dela, também. Ao balançar sob a luz fluorescente, vi claramente que sua ponta ainda estava perfeita, sem ser afetada pelo trabalho que havia feito à tarde.

Lembro que depois tive de preencher um formulário, com meus pais ansiosamente sentados perto de mim e se perguntando:

por que está hesitando? Talvez eu tivesse esquecido meu nome e endereço? Na verdade eu tinha começado a me fixar no grampo no alto da primeira página. Tinha certeza de que também era feito de aço. Este aparentemente mundano pedaço de metal prateado tinha perfurado o papel de forma precisa. Examinei o outro lado. Suas duas pontas estavam dobradas firmemente uma contra a outra, mantendo o maço de papéis junto em um forte abraço. Um joalheiro não poderia ter feito melhor. (Mais tarde descobri que o primeiro grampeador foi feito à mão para o Rei Luis XV da França, com cada grampo tendo a sua insígnia. Quem teria imaginado que os grampeadores teriam sangue real?) Declarei que era "primoroso" e falei isso para meus pais, que se entreolharam preocupados, pensando que eu estava tendo um colapso nervoso.

E acho que estava mesmo. Certamente algo muito estranho estava acontecendo. Era o nascimento da minha obsessão por materiais – começando com o aço. De repente fiquei ultrassensível à sua presença em todos os lugares. Vi na ponta da caneta que estava usando para preencher o formulário policial; tiniu no molho de chaves de meu pai enquanto ele esperava impaciente; mais tarde, naquele mesmo dia, ele me protegeu e levou para casa, cobrindo a parte externa de nosso carro em uma camada não mais grossa que um cartão-postal. Estranhamente, senti que nosso Mini de aço, normalmente tão barulhento, estava se comportando bem naquele dia, materialmente se desculpando pelo incidente do esfaqueamento. Quando chegamos em casa, sentei perto do meu pai na mesa da cozinha e tomamos juntos, e em silêncio, a sopa de minha mãe. Então parei, percebendo que até tinha um pedaço de aço na minha boca. Chupei de propósito a colher de aço inoxidável com a qual estava tomando a sopa, então a tirei da boca e estudei sua aparência brilhante, tão brilhante que até conseguia ver meu reflexo distorcido na cavidade da colher. "O que é isso?", perguntei, mostrando a colher para meu pai. "E

DE QUE SÃO FEITAS AS COISAS

por que não tem gosto de nada?" Coloquei de volta na minha boca para verificar, e chupei com força.

Então me surgiram milhões de perguntas. Como é que esse material faz tantas coisas por nós, e quase nunca falamos dele? É um caráter íntimo em nossas vidas – colocamos em nossas bocas, usamos para nos livrar de pelos indesejados, para dirigir por aí – é nosso amigo mais fiel e, mesmo assim, quase não sabemos como ele funciona. Por que uma lâmina de barbear corta enquanto um clipe de papel dobra? Por que os metais brilham? Por que, falando nisso, o vidro é transparente? Por que todo mundo parece odiar o concreto, mas amar o diamante? E por que o chocolate tem um gosto tão bom? Por que qualquer material tem o visual que tem e se comporta da maneira como se comporta?

Desde o incidente do esfaqueamento, passei a maior parte do meu tempo obcecado pelos materiais. Estudei ciência de materiais na Universidade de Oxford, concluí um doutorado em ligas de motor de jatos e trabalhei como cientista e engenheiro de materiais em alguns dos laboratórios mais avançados do mundo. Neste caminho, minha fascinação por materiais continuou a crescer – e com ela, minha coleção de extraordinárias amostras deles. Essas amostras agora foram incorporadas a uma grande biblioteca de materiais, construída com meus amigos e colegas Zoe Laughlin e Martin Conreen. Alguns são impossivelmente exóticos, como um pedaço de aerogel da NASA, que é 99,8% formado por fumaça sólida que parece ar; alguns são radioativos, como um vidro de urânio que encontrei no fundo de uma loja de antiguidades na Austrália; alguns são pequenos, mas absurdamente pesados, como lingotes de tungstênio extraídos cuidadosamente do mineral volframita; alguns são completamente familiares, mas têm um segredo escondido, como uma amostra de concreto com capacidade de se autocurar. Essa biblioteca, com mais de mil materiais, mostra os ingredientes que construíram nosso mundo, nossos lares, nossas roupas, nossas máquinas, nossa arte. A biblioteca está localizada e é mantida no Institute of Making, que é parte da Universidade de Londres. Você poderia reconstruir nossa civilização a partir do conteúdo dessa biblioteca, e destruí-la também.

Mas existe uma biblioteca de materiais muito maior, contendo milhões de materiais, a maior parte já conhecida, que está crescendo em uma taxa exponencial: o próprio mundo humano. Considere a fotografia da página seguinte. Nela, apareço tomando chá no terraço do meu apartamento. É comum em todos os sentidos, exceto que, ao ser olhada com cuidado, fornece um catálogo das coisas que compõem nossa civilização. Essas coisas são importantes. Tirem o concreto, o vidro, os tecidos, o metal e os outros materiais da cena e fico nu, tremendo no meio do ar. Gostamos de pensar que somos civilizados, mas essa civilização está em grande parte concebida pela riqueza material. Sem essas coisas, rapidamente teríamos de enfrentar a mesma luta básica para sobreviver que os animais. Até certo ponto, então, o que permite que nos comportemos como humanos são nossas roupas, nossas casas, nossas cidades, nossas coisas, que nos animam com nossos costumes e nossa linguagem. (Isso fica claro se você já visitou uma zona de desastre.) Assim, o mundo material não é apenas uma demonstração da nossa tecnologia e da nossa cultura, é parte de nós. Inventamos isso, criamos e, em troca, ele nos faz quem somos.

Para nós, a importância fundamental dos materiais é aparente a partir dos nomes que usamos para categorizar os estágios da civilização – a Idade da Pedra, Idade do Bronze e Idade do Ferro – com cada nova era da existência humana sendo criada a partir de um novo material. O aço foi o material definidor da Era Vitoriana, permitindo aos engenheiros criar pontes suspensas, ferrovias, motores a vapor e transatlânticos de passageiros. O grande

engenheiro Isambard Kingdom Brunel o usou para transformar a paisagem e plantar as sementes do modernismo. O século XX geralmente é aclamado como a Era do Silício, depois do avanço na ciência de materiais que conduziram ao chip de silício e à revolução informática. Mas isso só serve para ignorar o caleidoscópio de outros materiais novos que também revolucionaram a vida moderna nessa época. Arquitetos usaram chapas de vidro produzidas em massa e combinadas com aço estrutural para construir arranha-céus que inventaram um novo tipo de cidade. Designers de produto e de moda adotaram plásticos e transformaram nossas casas e roupas. Polímeros foram usados para produzir celuloides e conduziram à maior mudança na cultura visual dos últimos mil anos: o cinema. O desenvolvimento de ligas de alumínio e superligas de níquel nos permitiu construir motores a jato e voar mais barato, acelerando assim a colisão de culturas. Cerâmicas médica e dentária permitiram a nossa própria reconstrução e a redefinição de deficiências e envelhecimento – e, como o termo "cirurgia plástica" implica, materiais são geralmente a chave para novos tratamentos usados para reparar nossas capacidades (substituição de quadril) ou alterar nossas características (implantes de silicone para aumentar os seios). A exposição de Gunther von Hagens, *Body Worlds,* também testemunha a influência cultural de novos biomateriais, convidando-nos a contemplar nossa fisicalidade tanto na vida quanto na morte.

Este livro é para aqueles que querem decifrar o mundo material que construímos, e descobrir de onde vêm esses materiais, como eles funcionam e o que falam sobre nós. Os próprios materiais são, em geral, surpreendentemente obscuros, apesar de estarem ao nosso redor. Em uma primeira inspeção, eles raramente revelam seus distintos recursos e costumam se misturar no fundo de nossas vidas. A maioria dos metais é brilhante e cinza; quantas pessoas conseguem ver a diferença entre alumínio e aço? As madeiras são bem diferentes umas das outras, mas quantas pessoas podem dizer por quê? Plásticos são confusos; quem sabe a diferença entre polietileno e polipropileno? E o mais importante, talvez: por que deveríamos nos importar?

Eu me importo e quero contar o porquê. Além do mais, quando o assunto são as coisas que fazem parte de tudo, dá para começar por qualquer parte. E assim, por esses dois motivos, escolhi como ponto de início e inspiração para os conteúdos deste livro, a minha foto no terraço. Selecionei dez materiais encontrados naquela foto para contar a história das coisas. Para cada um, tentei descobrir o desejo que o criou, decodifiquei a ciência de materiais por trás dele, fico maravilhado com nossas façanhas tecnológicas ao sermos capazes de criá-lo, mas acima de tudo, tento expressar por que aquilo é importante.

Pelo caminho, descobrimos que, como acontece com as pessoas, as diferenças reais entre materiais estão bem abaixo da superfície, um mundo que está fechado para a maioria sem acesso a sofisticados equipamentos científicos. Então, para entender a materialidade, devemos necessariamente nos afastar da escala humana da experiência e entrar no espaço interno dos materiais. É nesta escala microscópica que descobrimos a razão de alguns materiais terem cheiro e outros, não; por que alguns materiais podem durar mil anos e outros ficam amarelados e desmoronam sob o sol; como é que alguns vidros são à prova de bala, enquanto uma taça de vinho se estilhaça com facilidade. A viagem para esse mundo microscópico revela a ciência por trás da nossa comida, das nossas roupas, dos nossos aparelhos, das nossas joias e, claro, dos nossos corpos.

Apesar de a escala física desse mundo ser muito menor, vamos descobrir que a escala de tempo é geralmente muito maior. Peguemos, por exemplo, um pedaço de barbante, que existe na mesma escala que o cabelo. O barbante é uma estrutura feita por humanos no limite de nossa visão, que permitiu a criação de cordas, cobertores, tapetes, mas, principalmente, roupas. O tecido é um dos primeiros materiais feitos pelos humanos. Quando usamos uma calça jeans, ou qualquer outro tipo de roupa, estamos usando uma estrutura de tecido em miniatura, cujo design é mais antigo que Stonehenge. As roupas nos mantiveram aquecidos e protegidos durante toda a história registrada, assim como nos mantêm na moda. Mas também são alta tecnologia. No século XX, aprendemos como criar trajes espaciais de tecido resistentes o suficiente para proteger os astronautas na Lua; fizemos tecidos sólidos para membros artificiais; e de uma perspectiva pessoal, fico feliz com o desenvolvimento de roupas interiores à prova de facadas feitas de uma fibra sintética de alta resistência chamada *kevlar*. Essa evolução das nossas tecnologias de materiais em mil anos é algo que vou retomar muitas vezes neste livro.

Cada novo capítulo apresenta não apenas um material diferente, mas uma forma distinta de olhar para ele – alguns terão uma perspectiva histórica primária, outros, algo mais pessoal; alguns são visivelmente dramáticos, outros, mais frios cientificamente; alguns enfatizam a vida cultural do material, outros, sua impressionante habilidade técnica. Todos os capítulos são uma mistura única dessas propostas, pela simples razão de que os materiais e nossos relacionamentos com eles são muito diversificados e uma única forma não poderia ser usada para todos. O campo da ciência dos materiais fornece o quadro mais poderoso e coerente para entendê-los tecnicamente, mas há mais coisas do que ciência nos materiais. Afinal, tudo é feito de algo, e aqueles que fazem as coisas – artistas, designers, cozinheiros, engenheiros, carpinteiros, joalheiros, cirurgiões e assim por diante – têm uma compreensão diferente dos aspectos práticos, emocionais e sensuais de seus materiais. Foi essa diversidade de conhecimento de materiais que tentei capturar.

Por exemplo, o capítulo sobre papel está na forma de uma série de instantâneos, não só porque o papel aparece de muitas formas, mas porque é usado por quase todo mundo em uma infinidade

DE QUE SÃO FEITAS AS COISAS

de formatos diferentes. O capítulo sobre biomateriais, contudo, é uma viagem profunda nos interstícios de nosso *Eu* material: nossos corpos, na verdade. Esse é um terreno que está rapidamente se tornando o Velho Oeste da ciência de materiais, onde novos materiais estão abrindo uma nova área da biônica, permitindo que o corpo seja reconstruído com a ajuda de bioimplantes criados para se encaixar "de forma inteligente" à nossa carne e ao nosso sangue. Tais materiais trarão profundas consequências para a sociedade, pois prometem mudar de forma fundamental o relacionamento com nosso próprio corpo.

Como tudo, no final, é constituído por átomos, não podemos evitar falar sobre as regras que os governam, que são descritas pela teoria conhecida como mecânica quântica. Isso significa que, quando entramos no mundo atômico do pequeno, devemos abandonar totalmente o sentido comum e falar, em vez disso, de funções de onda e estados do elétron. Um número cada vez maior de materiais está sendo criado do zero nessa escala, e podem realizar tarefas aparentemente impossíveis. Os chips de silício criados usando a mecânica quântica iniciaram a era da informação. Células solares criadas de forma similar têm o potencial de resolver nossos problemas de energia usando apenas a luz solar. Mas ainda não chegamos lá e precisamos de petróleo e carvão mineral. Por quê? Neste livro, tento jogar um pouco de luz sobre os limites do que podemos esperar conseguir examinando a nova esperança nessa área: grafeno.

A ideia central por trás da ciência de materiais, então, é que mudanças em escalas invisivelmente pequenas se manifestam como mudanças no comportamento de um material em escala humana. Foi esse o caminho trilhado por nossos ancestrais para fazer novos materiais como bronze e aço, mesmo sem ter microscópios para ver o que estavam fazendo – uma conquista impressionante! Por exemplo, quando golpeamos uma peça de metal, não estamos apenas mudando seu formato, estamos mudando a estrutura interna do metal. Se você golpear de uma maneira particular, a estrutura interna muda de certa forma deixando o metal mais duro. Nossos ancestrais sabiam disso por experiência, apesar de não saberem por quê. Esse acúmulo gradual de conhecimento nos tirou da Idade da Pedra e trouxe ao século XX antes que qualquer apreciação real da estrutura dos materiais fosse compreendida. A importância da compreensão empírica de materiais, encapsulada nessa técnica do ferreiro, continua: sabemos quase tudo dos materiais deste livro com nossas mãos, além de compreender com o cérebro.

Esse relacionamento sensual e pessoal com as coisas tem consequências fascinantes. Adoramos alguns materiais, apesar de seus problemas, e detestamos outros, mesmo se forem mais práticos. Peguemos a cerâmica, por exemplo. É o material da comida: de nossos pratos, tigelas e canecas. Nenhum lar ou restaurante está completo sem esse material. Nós o utilizamos desde a invenção da agricultura, há milhares de anos, e, mesmo assim, a cerâmica possui a crônica tendência de lascar, trincar e quebrar nos momentos mais inconvenientes. Por que não mudamos para materiais mais duros, como plástico ou metal para nossos pratos e canecas? Por que ficamos presos à cerâmica apesar de suas falhas mecânicas? Esse tipo de questão é estudado por uma grande variedade de acadêmicos, incluindo arqueólogos e antropólogos, assim como designers e artistas. Mas também há uma disciplina científica especialmente dedicada a investigar sistematicamente nossas interações sensuais com os materiais. Essa disciplina, chamada psicofísica, fez algumas descobertas interessantes. Por exemplo, estudos sobre a "crocância" mostraram que o som criado por certas comidas é tão importante para nosso prazer quanto o gosto deles. Isso inspirou alguns chefs a criar pratos com efeitos sonoros. Alguns fabricantes de batatas fritas, todavia, aumentaram não só a crocância de suas batatas, mas o barulho do pacote também. Exploro os aspectos psicofísicos dos materiais em um capítulo sobre chocolate e mostro que foi o maior impulsionador da inovação durante séculos.

Este livro não é, de nenhuma maneira, uma pesquisa profunda sobre materiais e sua relação com a cultura humana, mas um instantâneo de como eles afetam nossas vidas e como até a mais inócua das atividades, como beber chá no terraço, tem como base uma profunda complexidade material. Você não precisa ir a um museu para se maravilhar com o modo como a história e a tecnologia afetaram a cultura humana; seus efeitos estão ao nosso redor. Na maior parte do tempo, nós ignoramos esses materiais. É preciso, pois seríamos tratados como lunáticos se passássemos o tempo todo correndo os dedos em uma parede de concreto e suspirando. Mas há momentos para tal contemplação: ser esfaqueado em uma estação de metrô foi um desses momentos para mim, e espero que este livro forneça outro momento desses para você.

1. Indomável

Nunca me pediram para assinar um acordo de não divulgação no banheiro de um bar antes. Assim, foi um alívio descobrir que era só isso que Brian estava me pedindo. Eu tinha conhecido Brian apenas uma hora antes. Estávamos no Sheehan's, um pub em Dun Laoghaire que não estava longe de onde eu trabalhava na época, em Dublin. Brian era um homem de rosto vermelho, com uns 60 anos, que usava uma bengala por ter um problema na perna. Vestia um terno muito elegante e tinha o cabelo grisalho fino com uma coloração amarelada. Fumava um cigarro Silk Cut atrás do outro. Quando Brian descobriu que eu era cientista, acertou que eu estaria interessado em ouvir a história de sua vida em Londres nos anos 1970, quando ele estava no lugar e no momento certos para vender chips de silício Intel 4004, que importava em caixas de 12.000 por £1 e vendia em pequenos lotes para a incipiente indústria de computadores por £10 cada. Quando mencionei que estava pesquisando ligas metálicas no Departamento de Engenharia Mecânica do University College Dublin, ele olhou pensativo e ficou quieto pela primeira vez. Achei que era o momento oportuno para ir ao banheiro.

O acordo de não divulgação foi rabiscado em um pedaço de papel que ele tinha claramente arrancado de seu caderno. O conteúdo era breve. Declarava que ia explicar sua invenção para mim, mas eu tinha que mantê-la confidencial. Em troca, ele iria me pagar uma libra irlandesa. Pedi que me contasse mais, mas ele comicamente fez a mímica de passar o zíper nos lábios. Eu não tinha certeza de por que tínhamos que conversar sobre isso em um cubículo de toalete. Sobre seu ombro, via outras pessoas entrando e saindo do banheiro. Fiquei pensando se deveria gritar por ajuda. Brian procurou em seu casaco e tirou uma caneta. Uma nota de uma libra imunda saiu de seus jeans. Ele era muito insistente.

Assinei o papel apoiado na parede do cubículo cheia de grafite. Ele assinou também, me deu a libra, e o documento se tornou legal.

De volta ao bar com nossas bebidas, fiquei ouvindo Brian explicar que tinha inventado uma máquina eletrônica que afiava lâminas de navalhas. Isso iria revolucionar o negócio de barbeadores, explicou, porque as pessoas só precisariam ter uma navalha em suas vidas. Com um único golpe, terminaria com uma indústria de bilhões de dólares, ficaria rico e reduziria o consumo da riqueza mineral da Terra. "Que acha disso?", falou, dando um gole triunfante em sua cerveja.

Olhei para ele com desconfiança. Cedo ou tarde, todo cientista ouviu alguém com uma ideia excêntrica para uma invenção. Além disso, navalhas eram um assunto sensível para mim. Senti-me irritado e desconfortável enquanto recordava minha longa cicatriz nas costas, resultado do meu encontro na plataforma da estação Hammersmith. Mas gesticulei para ele prosseguir e continuei ouvindo...

É um fato estranho que o aço só tenha sido entendido pela ciência no século XX. Antes disso, por milhares de anos, a produção do aço foi transmitida por gerações como um ofício. Mesmo no século XIX, quando conquistamos uma compreensão teórica impressionante da astronomia, física e química, a produção do ferro e do aço no qual nossa Revolução Industrial se baseou foi conseguida empiricamente – com uma suposição intuitiva, observação cuidadosa e muita sorte. (Brian poderia ter tido um pouco de sorte e simplesmente ter encontrado um novo processo revolucionário para afiar navalhas? Descobri que não estava preparado para descartar a ideia.)

Durante a Idade da Pedra, o metal era extremamente raro e muito disputado, já que as únicas fontes no planeta eram cobre e ouro, que ocorrem naturalmente, apesar de não serem tão frequentes na crosta terrestre (ao contrário da maioria dos metais,

Radivoke Lajic e os cinco meteoritos que atingiram sua casa, entre 2007 e 2008.

que precisam ser extraídos de minérios). Existia um pouco de ferro também, a maioria tendo caído do céu na forma de meteoritos.

Radivoke Lajic, que vive no norte da Bósnia, é um homem que sabe tudo sobre estranhos pedaços de metal caindo do céu. Entre 2007 e 2008, sua casa foi atingida por não menos do que cinco meteoritos, que é algo estatisticamente tão absurdamente improvável que sua afirmação de que alienígenas estão mirando nele parece quase razoável. Desde que Lajic tornou públicas suas suspeitas, em 2008, sua casa foi atingida por outro meteorito. Os cientistas, investigando os choques, confirmaram que as pedras que atingiram a casa de Lajic eram meteoritos de verdade e agora estudam os campos magnéticos ao redor da casa dele para explicar a frequência extremamente incomum deles.

Na ausência de cobre, ouro e ferro de meteoros, as ferramentas de nossos ancestrais durante a Idade da Pedra eram feitas de lascas, madeira e ossos. Qualquer um que tenha tentado fazer algo com esse tipo de ferramentas sabe como elas são limitadas: se você acerta um pedaço de madeira, ela lasca, quebra ou estala. O mesmo acontece com pedra ou osso. Metais são fundamentalmente diferentes desses outros materiais porque podem ser golpeados e moldados: eles fluem, são maleáveis. Não só isso, ficam mais fortes quando são golpeados; você pode endurecer uma lâmina somente golpeando-a. E pode reverter o processo simplesmente colocando o metal no fogo e esquentando, o que vai fazer com que amoleça. A primeira pessoa a descobrir essas propriedades há 10 mil anos encontrou um material que era quase tão duro quanto a pedra, mas se comportava como plástico e era quase infinitamente reutilizável. Em outras palavras, tinha descoberto o material perfeito para ferramentas, especialmente aquelas para cortar como machados, cinzel e navalhas.

Essa capacidade dos metais de se transformar de material mole em duro deve ter parecido quase mágica para nossos ancestrais. Era mágica para Brian também, como acabei descobrindo. Ele explicou que tinha inventado sua máquina por tentativa e erro, sem nenhuma apreciação real da física e da química, mas mesmo assim tinha conseguido, de alguma maneira. O que ele queria de mim era que medisse quão afiadas estavam as navalhas antes e depois de passarem por seu processo. Só essa evidência iria permitir que ele começasse discussões de negócios sérias com empresas de navalhas.

Expliquei ao Brian que seria preciso mais do que umas poucas medidas para que ele fosse levado a sério. A razão é que metais são feitos de cristais. A navalha média contém bilhões deles e, em cada um desses cristais, os átomos estão organizados de uma forma especial, um padrão tridimensional quase perfeito. As ligações entre os átomos mantêm todos no lugar e também dão força aos cristais. Uma navalha fica cega em razão das muitas colisões com

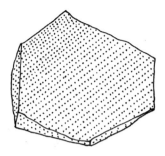

Um cristal de metal, como os que existem dentro de uma navalha. As filas de pontos representam átomos.

os pelos que encontra e que forçam esses cristais a se reagruparem de maneiras diferentes, formando e quebrando ligações, além de criar pequenos amassados na parte macia. Afiar novamente uma navalha utilizando algum mecanismo eletrônico, como ele propunha, teria de reverter esse processo. Em outras palavras, teria de mover os átomos para reconstruir a estrutura que tinha sido destruída. Para ser levado a sério, Brian precisaria não apenas criar evidências dessa reconstrução à escala dos cristais, mas ter uma explicação plausível em escala atômica do mecanismo pelo qual isso tudo funcionava. O calor, seja produzido eletricamente ou não, normalmente possui um efeito diferente do que ele estava afirmando: o calor amacia os cristais do metal, expliquei. Brian sabia disso e estava convencido de que sua máquina eletrônica não estava aquecendo as navalhas.

Pode ser estranho pensar que os metais são feitos de cristais porque nossa imagem típica de um cristal é de uma pedra transparente e muito facetada como um diamante ou uma esmeralda. A natureza cristalina dos metais está escondida porque os cristais de metal são opacos, e na maioria dos casos, microscopicamente pequenos. Vistos através de um microscópio eletrônico, os cristais em um pedaço de metal parecem uma calçada louca, e dentro daqueles cristais há linhas rabiscadas – os deslocamentos. São defeitos nos cristais de metal, e representam desvios em arranjos cristalinos de átomos que, do contrário, seriam perfeitos – são rupturas atômicas que não deveriam existir. Eles parecem erros, mas terminam sendo muito úteis. São os deslocamentos que fazem o metal ser tão especial para as ferramentas, cortando pontas e criando a navalha, porque eles permitem que os cristais de metal mudem de forma.

Você não precisa usar um martelo para experimentar o poder dos deslocamentos. Quando dobra um clipe de papel são, na verdade, os cristais de metal que estão se dobrando. Se não se dobrassem, o clipe de papel seria frágil e se romperia como um graveto. Esse comportamento plástico deriva dos deslocamentos que ocorrem dentro do cristal. Enquanto se movem, eles transferem pequenos pedaços de material de um lado para o outro do cristal, e isso acontece à velocidade do som. Quando você dobra um clipe de papel, está fazendo com que aproximadamente 100.000.000.000.000 de deslocamentos aconteçam a uma velocidade de milhares de centenas de metros por segundo. Apesar de cada deslocamento só mover um pequeno pedaço do cristal (um plano atômico, na verdade), há tantos deles que os cristais podem se comportar como um plástico superforte em vez de uma pedra frágil.

O ponto de derretimento de um metal é um indicador de quanto estão unidos os átomos e também afeta a facilidade de deslocamentos. O chumbo tem um baixo ponto de derretimento e assim os átomos se movem com facilidade, tornando-o um metal bastante macio. O cobre tem um ponto de derretimento mais alto e é mais forte. Aquecer metais permite deslocamentos e reorganizações, e um dos resultados disso é que os metais são mais macios.

A descoberta dos metais foi um momento importante na pré--história, mas não resolveu o problema fundamental de que não

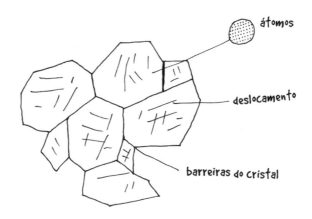

Só mostrei uns poucos deslocamentos neste desenho para facilitar a visualização. Metais normais possuem um grande número de deslocamentos que se sobrepõem e se cruzam.

havia muitos metais por aí. Uma opção, claro, era esperar que caíssem mais do céu, porém isso exigia uma grande quantidade de paciência (alguns quilos caem na superfície da Terra a cada ano; a maioria nos oceanos). Mas, em determinado momento, alguém fez a descoberta que terminaria com Idade da Pedra e abriria as portas para um suprimento de coisas aparentemente ilimitado. Eles descobriram que uma rocha meio esverdeada, quando colocada em um fogo forte e cercada por brasas quentes, se transformava em um pedaço brilhante. Essa rocha esverdeada era a malaquita e o metal era, claro, o cobre. Deve ter sido uma revelação deslumbrante. De repente, estavam cercados não por rochas mortas inertes, mas por coisas misteriosas que tinham vida interna.

Eles só conseguiam fazer essa transformação com alguns tipos especiais de rochas, como a malaquita, porque, para que funcionasse bem, precisavam não apenas identificar essas pedras, mas também controlar cuidadosamente as condições químicas do fogo. E provavelmente suspeitaram que essas pedras que não se transformavam, que continuavam obstinadamente como rochas por mais quente que estivesse o fogo, tinham segredos escondidos. E estavam certos. Tratava-se de um processo que funciona com muitos minerais, apesar de terem passado milhares de anos até que a química necessária fosse compreendida (controle das reações químicas entre a rocha e os gases criados pelo fogo), e que levou à segunda grande descoberta na arte do derretimento.

Nesse meio-tempo, por volta de 5.000 a.C., eles usaram tentativa e erro para aprimorar o processo de produção de cobre. A criação de ferramentas de cobre iniciou um crescimento espetacular na tecnologia humana, sendo fundamental no nascimento de outras tecnologias, de cidades e das primeiras grandes civilizações. As pirâmides do Egito são um exemplo do que se tornou possível depois das ferramentas de cobre. Cada bloco de pedra das pirâmides foi extraído de uma mina e individualmente talhado a mão, usando cinzéis de cobre. Estima-se que 10 mil toneladas de minério de cobre foram retiradas de minas em todo o Egito Antigo para criar os 300 mil cinzéis necessários. Foi uma conquista enorme, sem a qual as pirâmides não poderiam ter sido construídas, não importa o número de escravos que tivessem sido usados, já que não é prático cavar a rocha sem ferramentas de metal. Tudo isso fica ainda mais impressionante uma vez que o cobre não é o material ideal para cortar a rocha, por não ser tão duro. Esculpir um pedaço de calcário com um cinzel de cobre rapidamente deixa o cinzel sem ponta. Estima-se que os cinzéis de cobre deviam ser afiados a cada poucos golpes de martelo para que continuassem úteis. O cobre não é ideal para navalhas pela mesma razão.

O ouro é outro metal com relativa maciez, tanto que raramente os anéis são feitos de ouro puro, pois logo riscam. Mas se você cria uma liga com ouro, acrescentando alguma porcentagem de outros metais, por exemplo prata ou cobre, não apenas muda a cor

DE QUE SÃO FEITAS AS COISAS

do ouro – a prata o deixa mais branco e o cobre, mais vermelho – como também o deixa mais duro, bem mais duro. Essa mudança das propriedades do metal a partir de pequenas adições de outros ingredientes é o que faz com que o estudo de metais seja tão fascinante. No caso da liga de ouro, você poderia se perguntar para onde vão os átomos de prata. A resposta é que eles se acomodam dentro da estrutura do cristal de ouro, tomando o lugar dos átomos existentes, e é essa substituição de átomos dentro da treliça de cristal do ouro que o deixa mais forte.

Ligas tendem a ser mais fortes que metais puros por uma razão muito simples: os átomos da liga têm tamanho e química diferentes dos átomos do metal hospedeiro; assim, quando se acomodam no cristal hospedeiro, causam todo tipo de perturbações mecânicas e elétricas que convergem para um acontecimento crucial: dificultar os deslocamentos. E se os deslocamentos são mais difíceis de acontecer, então o metal é mais forte, já que é mais difícil que os cristais de metal mudem de formato. O design de liga é, assim, a arte de prevenir o movimento de deslocamentos.

Essa substituição de átomos acontece naturalmente dentro de outros cristais também. Um cristal de óxido de alumínio não tem cor se for puro, mas fica azul quando contém impurezas de átomos de ferro: é a pedra preciosa chamada safira. Exatamente o mesmo cristal de óxido de alumínio contendo impurezas de cromo é a pedra preciosa chamada rubi.

As eras da civilização, da Era do Cobre à Era do Bronze até a Era do Ferro, representam uma sucessão de ligas cada vez mais fortes. O cobre é um metal fraco, mas sua ocorrência é natural, além de ser fácil de derreter. O bronze é uma liga do cobre, contendo pequenas quantidades de estanho ou às vezes arsênio, e é muito mais forte que o cobre. Então, se você tinha cobre e sabia o que estava fazendo, com um pouco mais de esforço podia criar armas e lâminas

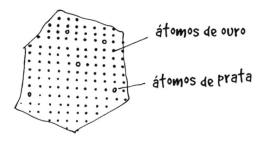

O ouro se mistura com a prata em escala atômica, mostrando como os átomos de prata substituem os átomos de ouro no cristal.

dez vezes mais fortes e mais duras que o cobre. O único problema é que estanho e arsênio são extremamente raros. Elaboradas rotas de comércio se desenvolveram na Idade do Bronze, para levar estanho de lugares como Cornualha e Afeganistão aos centros da civilização no Oriente Médio, exatamente por essa razão.

As lâminas modernas também são feitas de uma liga, mas, como expliquei para Brian, é um tipo muito especial de liga, cuja existência intrigou nossos ancestrais por milhares de anos. O aço, liga de ferro com carbono, é ainda mais forte que o bronze, com ingredientes que são muito mais abundantes: quase toda rocha tem um pouco de ferro, e o carbono está presente no combustível de qualquer fogo. Nossos ancestrais não perceberam que o aço era uma liga – que o carbono, na forma de carvão vegetal, não era apenas um combustível para se aquecer e remodelar o ferro, mas também poderia entrar nos cristais de ferro no processo. O carbono não faz isso com o cobre durante o derretimento, nem com o estanho ou com o bronze, mas faz com o ferro. Deve ter sido incrivelmente misterioso – e só agora, com o conhecimento da mecânica quântica, podemos realmente explicar por que isso acontece (o carbono no aço não assume o lugar de um átomo de ferro no cristal, mas é capaz de apertar-se entre os átomos de ferro, criando um cristal tenso).

DE QUE SÃO FEITAS AS COISAS

Há outro problema, também. Se o ferro se mistura com muito carbono – se, por exemplo, contém 4% de carbono em vez de 1% –, torna-se extremamente frágil e acaba essencialmente inútil para ferramentas e armas. Esse é um grande obstáculo porque dentro do fogo há muito carbono. Assim, se você deixa o ferro por muito tempo, ele irá se liquefazer no fogo, e uma forte quantidade de carbono entrará nos cristais de metal, tornando a liga muito frágil. Espadas feitas com esse aço de alto carbono se rompem durante a batalha.

Até o século XX, quando o processo de mistura foi totalmente explicado pela primeira vez, ninguém entendia por que alguns processos de fabricação funcionavam e outros não. Estavam estabelecidos por tentativa e erro, e aqueles bem-sucedidos eram passados de uma geração para outra, vistos como segredos de ofício. Mas mesmo se fossem roubados, eram tão complicados que as chances de outra pessoa reproduzir com sucesso o processo de fabricação do aço eram muito baixas. Certas tradições metalúrgicas em determinadas culturas tornaram-se conhecidas por conseguirem produzir aço de alta qualidade, e tais civilizações cresceram.

Em 1961, o professor Richmond, da Universidade de Oxford, descobriu um poço cavado pelos romanos em 89 d.C., que continha 763.840 pequenos pregos de cinco centímetros, 85.128 pregos médios, 25.088 pregos grandes e 1.344 pregos extragrandes de quarenta centímetros. O tesouro era de ferro e aço, e não de ouro, o que a maioria das pessoas teria achado totalmente desapontador, mas não o professor Richmond. Por que, ele se perguntou, uma legião romana enterraria sete toneladas de ferro e aço?

A legião romana tinha ocupado os quartéis-generais avançados de Agricola em um lugar chamado Inchtuthil, na Escócia. Eram as fronteiras externas do Império Romano, e sua missão era proteger sua fronteira do que viam como as tribos selvagens que a ameaçavam: os celtas. A legião de 5 mil homens ocupou a região por seis anos antes de recuar e, no processo, abandonar o forte. Fizeram grandes esforços para não deixar para trás nada que pudesse ajudar seus inimigos. Esmagaram toda a comida e bebida, além de queimar totalmente o forte. Mas não ficaram satisfeitos com isso. Nas cinzas estavam os pregos de aço que tinham mantido o forte de pé, e que eram demasiado valiosos para serem deixados às tribos que os tinham expulsado. Ferro e aço eram os materiais que permitiram aos romanos construir aquedutos, barcos e espadas; permitiram que criassem um império. Deixar os pregos a seus inimigos teria sido tão útil quanto deixar uma caixa de armas, então eles foram enterrados em um poço antes de marchar ao sul. Assim como suas armas e armaduras, entre os poucos aços menores que provavelmente levaram com eles estava o *novacili,* um objeto que condensou a postura de civilização deles: a lâmina romana. Este *novacili,* manejado pelos barbeiros, permitiu que os romanos recuassem barbeados e penteados para distinguir-se das hordas selvagens que tinham conseguido expulsá-los.

O mistério que cercava a fabricação do aço engendrou vários mitos, e a unificação e restauração da ordem na Grã-Bretanha no auge do recuo romano foi simbolizada por uma das mais duradouras: Excalibur, a lendária espada do Rei Arthur, muitas vezes atribuída a poderes mágicos e associada à verdadeira soberania da Grã-Bretanha. Em uma época na qual espadas regularmente se quebravam na batalha, deixando um cavaleiro sem defesa, é fácil ver por que uma espada de aço de alta qualidade utilizada por um forte guerreiro representou as regras da civilização sobre o caos. O fato de que o processo de fabricação de aço era, necessariamente, muito ritualizado ajuda também a explicar por que este material veio a ser associado com magia.

Isso não foi mais verdade do que no Japão, onde a fundição de uma lâmina de samurai levava semanas e era parte de uma cerimônia religiosa. A *Ama-no-Murakumo-no-Tsurugi* ("Espada da Concentração de Nuvens do Céu") é uma espada japonesa lendária que permitiu que o grande guerreiro Yamato Takeru controlasse o vento e derrotasse todos os seus inimigos. Apesar das histórias e rituais fantásticos, a ideia de que algumas espadas poderiam ser dez vezes mais fortes e mais afiadas que outras espadas não era somente um mito, era uma realidade. Por volta do século XV, a espada de aço feita pelos samurais do Japão era a melhor que o mundo já tinha visto e permaneceria preeminente por quinhentos anos até o advento da metalurgia como uma ciência no século XX.

Essas espadas samurais eram feitas de um tipo especial de aço chamado *tamahagane*, que pode ser traduzido como "aço de joia", feito da areia negra vulcânica do Pacífico (que consiste principalmente de um minério de ferro chamado magnetita, o material original da agulha das bússolas). Esse aço é feito em um enorme recipiente de barro com mais de um metro de altura, um metro de largura e quase quatro metros de extensão chamado *tatara*. O recipiente – endurecido de barro moldado em cerâmica – é "incendiado" por um fogo aceso dentro dele. Depois de incendiado, é empacotado meticulosamente com camadas de areia negra e carvão vegetal negro, que são consumidos na fornalha de cerâmica. O processo demora em torno de uma semana e exige atenção constante de uma equipe de quatro ou cinco pessoas para garantir que a temperatura do fogo seja mantida alta o suficiente bombeando ar na *tatara*, usando foles manuais. No final, a *tatara* é aberta e o aço *tamahagane* é tirado das cinzas e remanescentes da areia e do carvão vegetal. Esses caroços de aço descoloridos são pouco atrativos, mas o que os faz especial é possuírem uma grande quantidade de conteúdo de carbono, alguns muito baixos e alguns bastante altos.

A inovação samurai foi capaz de diferenciar aço de alto carbono – que é duro, mas frágil – do aço de baixo carbono, – que é duro, mas relativamente macio. Eles fizeram isso apenas pelo aspecto visual, a sensação nas mãos e como soava quando era golpeado. Ao separar os diferentes tipos de aço, podiam garantir que o aço de baixo carbono era usado para fazer o centro da espada. Isso dava à espada uma dureza enorme, significando que dificilmente as lâminas quebravam em combate. Na ponta, as lâminas tinham aço de alto carbono, que era frágil, mas extremamente duro, e podia, assim, ser bastante afiado. Ao usar o aço de alto carbono afiado como um envoltório por cima do aço de baixo carbono duro, eles alcançaram o que muitos achavam impossível: uma espada que poderia sobreviver ao impacto com outras espadas e armaduras enquanto permanecia afiada o suficiente para cortar a cabeça de um homem. O melhor dos dois mundos.

Ninguém poderia criar aço mais forte e mais duro que os samurais antes da Revolução Industrial. Quando, nessa época, os países europeus começaram a construir estruturas em uma escala maior e mais ambiciosa – como ferrovias, pontes e barcos –, usaram ferro fundido, que poderia ser feito em quantidades maiores e colocado em moldes. Infelizmente, tinham grande propensão a fraturar sob certas condições. Com a engenharia ficando mais ambiciosa, essas condições se tornaram mais frequentes.

Um dos piores acidentes ocorreu na Escócia. Na noite de 28 de dezembro de 1879, a maior ponte do mundo, a Tay Rail Bridge, feita de ferro fundido, colapsou durante vendavais extremos de inverno. Um trem carregando setenta e cinco passageiros caiu no rio Tay, matando todos. O desastre confirmou o que muitos suspeitavam: que o ferro não era o melhor material para esse tipo de construção. Era necessário não só fazer o aço tão forte quanto as espadas samurais, mas produzi-lo em massa.

DE QUE SÃO FEITAS AS COISAS

Um dia, um engenheiro instalado em Sheffield, chamado Henry Bessemer, se levantou durante uma reunião da Associação Britânica para o Avanço da Ciência e anunciou que tinha conseguido tal proeza. Seu método não exigia os processos elaborados dos samurais e poderia criar toneladas de aço líquido. Era uma revolução produtiva.

O processo Bessemer era engenhosamente simples. Envolvia soprar ar através do ferro fundido, assim o oxigênio no ar entraria em reação com o carbono no ferro, e removê-lo como gás de dióxido de carbono. Isso exigia um conhecimento de química que, pela primeira vez, colocou a produção de aço no caminho científico. Além do mais, a reação entre o oxigênio e o carbono era extremamente violenta e criava muito calor. Esse calor elevava a temperatura do aço, mantendo-o quente e líquido. O processo era simples e podia ser usado em escala industrial; era a resposta.

O único problema com o processo Bessemer era que não funcionava. Ou, pelo menos, era o que diziam todos que haviam tentado. Logo, fabricantes bravos, que tinham comprado a licença de Bessemer e investiram grandes somas de dinheiro em equipamento só para produzir ferro frágil, começaram a pedir seu dinheiro de volta. Bessemer não tinha respostas para eles. Ele realmente não entendia por que o processo era bem-sucedido às vezes e outras vezes não funcionava, mas continuou a trabalhar em sua tecnologia, e com a ajuda do metalúrgico britânico Robert Forester Mushet, ele adaptou sua técnica. Em vez de tentar remover o carbono até ficar a quantidade correta, ao redor de 1%, o que era difícil porque cada fabricante tinha uma fonte diferente de ferro, Mushet sugeriu remover todo o carbono e então acrescentar 1% de volta. Isso funcionou e podia ser repetido.

Claro, quando Bessemer tentou fazer com que o mundo se interessasse por esse novo processo, os outros fabricantes o ignoraram, assumindo que era outra fraude. Insistiam que era impossível criar aço de ferro líquido e que Bessemer era um golpista. No final, ele não viu outra opção a não ser montar sua própria fábrica de aço e começar a fazer as coisas. Depois de alguns poucos anos, a empresa Henry Bessemer & Co. estava fazendo aço muito mais barato e em tão grande quantidade que as empresas rivais foram forçadas a licenciar seu processo, deixando-o extremamente rico e conduzindo-o a Era da Máquina.

Brian poderia ser outro Bessemer? Poderia ter encontrado um processo para reorganizar a estrutura de cristal de metal na ponta de uma navalha através da ação dos campos elétricos ou magnéticos, um processo que ele não entendia como, mas que funcionava mesmo assim? Há muitas histórias de gente que riu de visionários somente para ficarem envergonhados por seus sucessos subsequentes. Muitos riam da ideia de que era possível criar máquinas voadoras mais pesadas que o ar, e mesmo assim todos voamos nelas agora. O mesmo aconteceu com televisão, celulares, computadores – tudo isso surgiu depois de uma nuvem de zombaria.

Até o século XX, lâminas de aço e facas cirúrgicas eram extremamente caras. Elas tinham de ser feitas à mão a partir do aço de mais alto grau, já que somente esse tipo de aço podia ser afiado o suficiente para cortar o pelo facial sem muito esforço, sem cortar a pele. (Qualquer um que já usou uma navalha cega vai saber como pode ser dolorido até o menor corte.) E como o aço é corroído na presença de ar e água, limpar as lâminas também as deixa cegas, pois a ponta bem afiada vai literalmente desaparecendo. Assim, durante milhares de anos o ritual de fazer a barba começava com o processo de "afiar as navalhas": o ato de afiar a lâmina passando de um lado para o outro por um pedaço de couro. Você pode achar que não é possível que um material tão macio quanto o couro possa afiar o aço, e estaria correto. É o fino pó de cerâmica que está impregnado no couro que afia o aço. Tradicionalmente, um

DE QUE SÃO FEITAS AS COISAS

mineral chamado "rouge de joalheiro" era usado, mas naqueles dias o pó de diamante era muito comum. O ato de passar o aço pela tira, de um lado e do outro, faz com que a lâmina encontre as partículas extremamente duras de diamante que estão no pó, o que remove pequenas quantidades de metal na colisão, fazendo com que a ponta fina e afiada seja restaurada.

Mas isso mudou quando, em 1903, um empresário norte-americano, chamado King Camp Gillette, decidiu usar o novo aço industrial barato produzido pelo processo Bessemer para criar uma navalha descartável. Isso seria a democratização do barbear. Sua visão era remover a necessidade de afiar a navalha tornando-a tão barata que, quando ficasse cega, poderia ser descartada. Em 1903 Gillette vendeu 51 barbeadores e 168 lâminas. No ano seguinte, vendeu 90.884 barbeadores e 123.648 lâminas. Em 1915, a corporação tinha estabelecido fábricas nos Estados Unidos, Canadá, Inglaterra, França e Alemanha, e as vendas de barbeadores descartáveis tinham ultrapassado os setenta milhões. O barbeador descartável se tornou um aparelho permanente em todo banheiro, e as pessoas deixaram de precisar ir à barbearia. E continuou assim: apesar de haver vários movimentos de "volta ao básico" na produção de alimentos, ninguém quer cortar o cabelo com uma faca de cobre ou fazer a barba com uma navalha.

O modelo de negócio de Gillette era muito inteligente por diversas razões, uma das quais era, sem dúvida, que mesmo se as lâminas não ficassem cegas pelo ato de fazer a barba, elas perderiam a ponta rapidamente por causa da ferrugem, garantindo a continuidade do negócio. Mas há outra mudança na história, uma inovação tão absurdamente simples que só poderia ser descoberta por acidente.

Em 1913, quando as potências europeias estavam ocupadas se armando para a Primeira Guerra Mundial, Harry Brearley foi incumbido de investigar ligas metálicas para criar melhores armas. Ele estava trabalhando em um dos laboratórios de metalurgia de Sheffield, adicionando diferentes elementos ao aço, criando espécimes e depois testando mecanicamente sua resistência. Brearley sabia que o aço era uma liga do ferro e do carbono, e também sabia que muitos outros elementos poderiam ser adicionados ao aço para melhorar ou destruir suas propriedades. Ninguém na época sabia por quê, então ele foi avançando por tentativa e erro, derretendo diferentes ingredientes para descobrir seus efeitos. Um dia era alumínio, no seguinte, níquel.

Brearley não fez progressos. Se um novo espécime não era duro o suficiente, ele jogava em um canto. Seu momento de genialidade aconteceu quando, um mês depois, estava cruzando o laboratório e viu algo brilhando na pilha de espécimes enferrujados. Em vez de ignorar e ir ao pub, tirou esse espécime que não tinha enferrujado e percebeu seu significado: estava segurando o primeiro pedaço de aço inoxidável que o mundo conheceu.

Acidentalmente, ao juntar as porcentagens corretas de dois ingredientes, carbono e cromo, ele tinha conseguido criar uma estrutura de cristal muito especial, na qual ambos, o cromo e os átomos de carbono, estavam inseridos nos cristais de ferro. A adição do cromo não tinha feito o aço mais duro, por isso ele rejeitara a amostra, mas tinha feito algo muito mais interessante. Normalmente, quando o aço é exposto ao ar e à água, o ferro na superfície reage para formar óxido de ferro (III), um mineral vermelho comumente conhecido como ferrugem. Quando essa ferrugem começa a se soltar, expõe outra camada de aço para ser corroída, o que faz do enferrujamento um problema crônico para estruturas de aço, por isso a necessidade de pintar pontes e carros. Mas com a presença do cromo, algo diferente acontece. Como um convidado muito educado, ele reage antes com o oxigênio que com os hospedeiros átomos de ferro, criando óxido de cromo. Óxido de cromo é um mineral transparente e duro que se mistura muito bem com o aço. Em outras palavras, não se solta e nem sabemos que ele está lá. Em vez disso, ele cria uma camada protetora quimicamente invisível sobre toda a superfície do aço. Além do mais, agora sabemos que a camada protetora é autocurativa – o que quer dizer que quando você risca o aço inoxidável, apesar de quebrar a barreira protetora, ela se refaz.

Brearley continuou experimentando até fazer as primeiras facas de aço inoxidável do mundo, mas imediatamente começaram os problemas. O metal resultante não era duro o suficiente para fazer uma ponta afiada, e logo foram chamadas de "facas que não cortavam". Essa falta de dureza era, afinal, a própria razão pela qual Brearley tinha rejeitado a liga para ser usada em armas, mas permitiu que a liga fizesse outras coisas, no entanto, que somente se tornaram aparentes mais tarde – quer dizer, poderia assumir formas complexas, levando em algum ponto a uma das peças mais influentes da escultura britânica, presente em quase toda casa: a pia da cozinha.

Pias de aço inoxidável são insuperáveis, brilhantes e parecem capazes de aceitar qualquer coisa que seja jogada sobre elas. Em um mundo onde queremos nos livrar instantânea e convenientemente do desperdício – de gordura, de água sanitária e ácido – esse material realmente é o melhor. Superou as pias de cerâmica da cozinha, e teria superado a cerâmica do banheiro se deixássemos, mas ainda não confiamos nesse novo material o suficiente para o mais íntimo momento de liberação de desperdício.

O aço inoxidável é a personificação da nossa era moderna. É bonito e brilhante, parece ser quase indestrutível, mas no final é muito democrático: em menos de cem anos, tornou-se o metal com o qual nos relacionamos melhor; afinal, o colocamos em nossa boca quase todo dia. Pois, no final, Brearley conseguiu criar talheres de aço inoxidável, e é a camada protetora transparente de óxido de cromo que faz com que a colher não tenha gosto, já que sua língua nunca toca o metal e sua saliva não pode reagir com ele; significa que somos uma das primeiras gerações que não precisa sentir o gosto de nossos talheres. Em geral, também é usado na arquitetura e na arte precisamente porque sua superfície brilhante parece nunca corroer. A escultura *Cloud Gate*, de Anish Kapoor, em Chicago, é um bom exemplo. Reflete nossos sentimentos de modernidade, de sermos clínicos, e de termos vencido a imundície, a sujeira e a bagunça da vida. De sermos, nós mesmos, invencíveis.

Ao resolver o problema da criação de aço inoxidável duro o suficiente para os talheres, os metalúrgicos também, sem saber, resolveram o problema da ferrugem nas lâminas, criando, assim, as melhores lâminas que o mundo já tinha visto e, no processo, alterando a aparência de muitos rostos e corpos. Sem saber, a domesticação do barbear também criou a arma preferida para os crimes de rua: navalhas que eram duráveis e baratas, e o mais importante: ultra-afiadas – capazes de cortar várias camadas de couro, lã, algodão e pele, como eu sabia muito bem.

Pesei tudo isso enquanto conversava com Brian sobre esse novo processo para afiar as lâminas de aço inoxidável. Como o aço inoxidável, um aço duro, resistente e afiado, impermeável à água e ao ar, foi criado principalmente por tentativa e erro nas últimas centenas de anos, não parecia totalmente impossível que alguém, mesmo sem conhecimento científico, pudesse tropeçar em um processo para afiar novamente a navalha. O mundo microscópico dos materiais é tão complexo e enorme que só uma fração dele foi explorada.

E no final da noite, quando nós dois saímos do pub, ele apertou minha mão e falou que ia entrar em contato. Quando se afastava pelas ruas de Dublin, banhado com a luz amarelada das lâmpadas de sódio, virou-se e gritou, meio bêbado: "Um viva ao deus do aço!". Assumi que estava se referindo a Hefesto, o deus grego dos metais, fogo e vulcões, cuja clássica imagem é a de um ferreiro em uma forja. Com uma deficiência física, ele é deformado, sofre provavelmente de intoxicação por arsênico, uma doença comum aos ferreiros da época que estavam expostos a altos níveis desse elemento durante a fundição do bronze, que terminava em fraqueza e câncer de pele. Olhei para Brian que se afastava na rua – com sua bengala e seu rosto vermelho – e, não pela primeira vez naquela noite, fiquei pensando quem ele era realmente.

2. Confiável

DE QUE SÃO FEITAS AS COISAS

O papel está tão inserido em nosso dia a dia que podemos facilmente esquecer que durante boa parte da história foi algo raro e caro. Nós acordamos de manhã com papel decorando nossas paredes, seja na forma de pôsteres e quadros ou como papel de parede. Vamos ao banheiro para nossa limpeza matinal e usamos papel higiênico, um item que, se estiver ausente, rapidamente leva a uma crise pessoal. Vamos para a cozinha, onde o papel em forma de cartão colorido fornece não apenas o contêiner para nossos cereais, mas uma caixa de ressonância também, pois seu chacoalho cria uma feliz canção matinal. Nosso suco de frutas, da mesma forma, está contido em um cartão encerado. As folhas de chá estão encapsuladas em um saquinho de papel, assim podem ser mergulhadas e retiradas facilmente da água quente, e o café é filtrado através do papel. Depois do café da manhã podemos encarar o mundo, mas raramente fazemos isso sem levar papel conosco na forma de dinheiro, anotações, livros e revistas. Mesmo se não saímos de casa com papéis, rapidamente já começamos a acumulá-los: recebemos papéis na forma de tíquetes de transporte, compramos um jornal ou um lanche e recebemos um recibo como registro da compra. Geralmente o trabalho das pessoas envolve muito papel: apesar de se falar muito em escritório sem papel, isso nunca aconteceu, nem parece muito provável, tanta é nossa confiança nesse material como forma de guardar informação.

O almoço envolve muitos guardanapos de papel, sem o qual os padrões pessoais de higiene cairiam profundamente. Lojas estão cheias de rótulos de papel, sem os quais não saberíamos o que estamos comprando ou quanto custa. Nossas compras geralmente estão contidas em sacos de papel para levarmos para casa. Quando chegamos, às vezes cobrimos essas compras com algum papel para presente, acompanhado de um cartão de aniversário de papel dentro de um envelope também de papel. Tirando fotos da festa, podemos até imprimir em papel fotográfico e, ao fazer isso, criamos nossas memórias materiais. Antes de dormir, lemos livros, assoamos o nariz e fazemos uma última viagem ao banheiro, para nos reunirmos intimamente de novo com o papel higiênico antes de nos entregar aos nossos sonhos (ou talvez pesadelos de um mundo sem papel). Então, o que é essa coisa com a qual estamos tão acostumados agora?

Papel para anotação

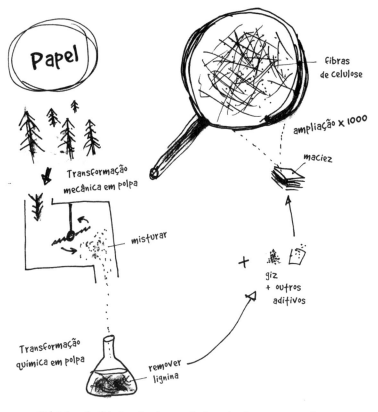

O básico da fabricação de papel, desenhado no meu caderno.

Mesmo que o papel para anotação pareça ser uma coisa lisa, macia e contínua, isso é um engano: ele é formado por uma série de pequenas fibras finas que lembram um fardo de feno. Não podemos sentir sua estrutura complexa porque foi criada em uma escala microscópica que está além de nosso sentido de toque. Sentimos que é macio pelas mesmas razões de escala que faz a Terra parecer perfeitamente redonda do espaço, enquanto de perto ela tem um generoso suprimento de colinas, vales e montanhas.

A maior parte do papel começa sua vida como árvore. A força central da árvore vem de uma pequena fibra microscópica chamada celulose, que está unida por uma cola orgânica chamada lignina. É uma estrutura composta extremamente firme e resistente que pode durar centenas de anos. Extrair as fibras de celulose da lignina não é fácil. É como tentar remover chiclete do cabelo. A delignificação da madeira, como o processo é chamado, envolve esmagar a madeira em pequenos pedaços e fervê-los a altas temperaturas e pressões com um coquetel químico que destrói as ligações dentro da lignina e libera as fibras de celulose. Depois disso, o que sobra é um emaranhado de fibras chamado de polpa de madeira: na verdade, madeira líquida – em uma escala microscópica parece um espaguete dentro de um molho aquoso. Se colocarmos isso em uma superfície plana e deixarmos secar, produzimos o papel.

Esse tipo básico de papel é cru e marrom. Para deixá-lo branco, macio e brilhante, precisamos usar um branqueador químico e acrescentar um fino pó branco como carbonato de cálcio na forma de pó de giz. Outras coberturas são acrescentadas para evitar que a tinta usada posteriormente no papel penetre demais a rede de celulose, que é o que faz a tinta desbotar. O ideal é que a tinta penetre uma pequena quantidade da superfície do papel de anotação e depois seque quase imediatamente, depositando sua carga de moléculas coloridas, que ficam embutidas na rede de celulose, criando uma marca permanente sobre o papel.

É fácil subestimar a importância do papel de anotação: é uma tecnologia de dois mil anos, cuja sofisticação está necessariamente escondida de nós, por isso, em vez de sermos intimidados por seu gênio microscópico, só vemos uma página em branco, permitindo que gravemos em sua superfície o que quisermos.

Registros em papel

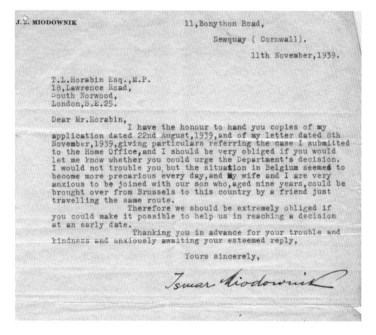

Uma cópia de uma carta enviada pelo meu avô, Ismar Miodownik, ao Home Office britânico depois do início da Segunda Guerra Mundial.[1]

As histórias de meu avô quando vivia na Alemanha no começo da Segunda Guerra Mundial dominaram minha infância, mas agora que ele faleceu, os documentos que deixou devem contar a história no lugar dele. Não há nada como segurar um pedaço real da história nas suas mãos, como essa carta que ele escreveu para o Home Office britânico em uma tentativa de tirar meu pai da Bélgica, com medo de uma invasão alemã.

O papel fica amarelo com a idade por duas razões. Se for feito de polpa barata, baixo grau mecânico, ainda vai conter alguma lignina. A lignina reage com oxigênio na presença da luz para criar cromóforos (que significa, literalmente, "carregadores de luz"), que deixam o papel amarelo quando aumentam sua concentração. Esse tipo de papel é usado para produtos baratos e descartáveis, e é por isso que os jornais ficam rapidamente amarelos sob a luz.

Era bastante comum aumentar a qualidade da textura do papel cobrindo-o com sulfato de alumínio, um componente químico usado principalmente para purificar a água, mas o que não foi apreciado foi que, com o tempo, esse tratamento cria condições ácidas. Isso faz com que as fibras de celulose reajam com íons de hidrogênio, o que termina em outra forma de amarelamento e também diminui a força do papel. Uma grande quantidade de livros dos séculos XIX e XX foram impressos nesse chamado papel ácido e agora podem ser facilmente identificados em livrarias e bibliotecas por sua aparência amarelo brilhante. Mesmo o papel não ácido é suscetível a esse envelhecimento, só que em um ritmo mais lento.

Esse processo de envelhecimento também resulta na formação de uma ampla variedade de moléculas orgânicas voláteis (isto é, que evaporam facilmente), que são responsáveis pelo cheiro de papel e livros velhos. Bibliotecas estão agora pesquisando a química do cheiro dos livros para ver se podem usá-la para ajudar a monitorar e preservar grandes coleções. Apesar de ser um cheiro de decadência, para muitos é agradável.

O amarelado e a desintegração do papel são considerados problemas e, mesmo assim, como toda antiguidade, o papel ganha uma autenticidade e um poder dessa pátina de idade. As impressões sensuais de papéis antigos permitem que você entre no passado com mais facilidade, criando um portal para aquele mundo.

Papel fotográfico

A tentativa do meu avô de fazer um pedido ao Home Office britânico em nome de seu filho teve sucesso. E esse foi o resultado: a identidade alemã de meu pai, que foi carimbada pela oficina de imigração quando ele saiu de Bruxelas, em 4 de dezembro de 1939. Meu pai tinha nove anos na época, e na foto ele parece não entender o perigo de sua situação. Os alemães chegaram em maio de 1940.

É difícil superestimar o efeito do papel fotográfico na cultura humana. Ele criou uma maneira de identificação padronizada e verificável, sendo, dessa forma, respeitado como o árbitro final de nossa aparência e, por extensão, de quem somos. A quase fascista autoridade da fotografia origina-se de sua natureza (aparentemente) imparcial, que é o resultado da forma como a imagem é capturada. E isso está no próprio papel: como os químicos registram os pedaços claros e escuros de seu rosto automaticamente, apenas reagindo com a luz refletida nela, a imagem em si é vista como imparcial.

A foto preto e branco de meu pai começou como um pedaço branco de papel coberto com uma fina camada de gel contendo moléculas de brometo de prata e de cloreto de prata. Em 1939, quando a luz refletida em meu pai entrou na lente da câmera e caiu sobre o filme fotográfico, as moléculas de brometo e cloreto de prata transformaram-se em pequenos cristais de metal de prata, que apareciam como pontinhos cinzentos no papel. Se o papel tivesse sido removido da sala escura nesse ponto, a imagem do meu pai teria sido perdida. Isso aconteceria porque todas as áreas brancas onde não havia imagem seriam marcadas pela luz, fazendo com que reagissem instantaneamente também e criassem uma foto completamente negra. Para evitar isso, a foto era "fixada" com um químico que lavava os halogenetos de prata que não tinham reagido. Isso só deixava os cristais de prata embutidos na camada de gel sobre a superfície do papel. Depois de seca e processada foi essa imagem que permitiu que meu pai, em vez de algum outro menino, escapasse dos campos de concentração.

Meu pai ainda está aqui para contar a história, mas um dia só restará a fotografia para nos lembrar desse momento no tempo – um fato material da história que contribui para nossa memória coletiva. Claro, fotografias não são realmente imparciais, mas as lembranças tampouco são.

Livros

Uma foto da minha estante em casa: muitos livros são mais que uma biblioteca, são uma declaração de identidade.

A transição de uma cultura oral – na qual o conhecimento é transmitido por meio de histórias, canções e aprendizado – para uma cultura literária – baseada na palavra escrita – foi atrasada durante séculos pela falta de material escrito apropriado. Pedra e placas de argila foram usadas, mas elas tendiam a quebrar e eram volumosas e pesadas para transportar. A madeira quebra e tende a apodrecer. As pinturas nas cavernas eram estáticas e o espaço, limitado. A invenção do papel, supostamente uma das quatro grandes invenções dos chineses, resolveu esses problemas, mas só quando os romanos substituíram os rolos de pergaminho pelo códex – ou como chamamos hoje, o livro – é que o material alcançou todo o seu potencial. Foi há dois mil anos, e ainda é uma forma dominante da palavra escrita.

Que o papel, um material muito mais macio que pedra ou madeira, tenha vencido como o guardião da palavra escrita é uma incrível história sobre os materiais. É a finura do papel que terminou sendo uma de suas grandes vantagens, permitindo a flexibilidade para sobreviver ao manejo contínuo, mas quando reunido em formato de livro se torna duro e forte – essencialmente um bloco de madeira emendado. Com o uso de capas duras para unir tudo, o livro é uma fortaleza para as palavras por milhares de anos.

A genialidade do chamado formato códex – uma pilha de papéis unidos a uma coluna central e colocados entre as capas –, e a razão pela qual ele tomou o lugar do pergaminho, é que permite o texto dos dois lados do papel e, mesmo assim, fornece uma experiência de leitura contínua. Outras culturas conseguiram algo similar com o formato concertina – formar uma pilha ao dobrar repetidamente uma folha de papel contínua sobre si mesma –, mas a vantagem do códex, com suas páginas individuais, é que muitos escribas podiam trabalhar no mesmo livro simultaneamente; e depois da invenção da prensa, muitas cópias de um livro podiam ser criadas ao mesmo tempo. Como a biologia já tinha descoberto, a rapidez na cópia da informação é a forma mais eficiente de preservá-la.

Dizem que a Bíblia foi um dos primeiros livros criados nesse novo formato, pois era apropriado aos seguidores do cristianismo, permitindo que localizassem o texto relevante ao seu propósito usando o número de página em vez de ficar procurando por todo o pergaminho. Essa forma de "acesso à memória randômica" prefigurava a era digital e pode até superá-la.

Papel de embrulho

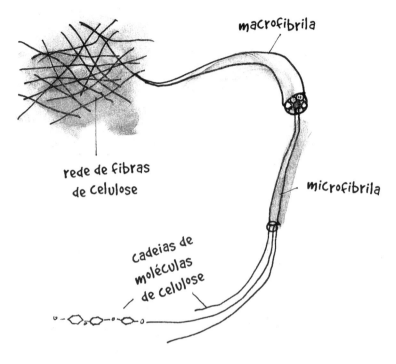

Papel simples é basicamente uma rede de fibras de celulose.

O papel não é útil apenas para preservar informações. Como material para embrulhar, o papel também faz um bom trabalho escondendo as coisas. Como seria um aniversário sem esse material, ao criar a animação e a expectativa melhor do que qualquer outro? Recebi presentes embrulhados em pano ou escondidos em armários, mas nada tem a mágica do papel de embrulho. Um presente não é um presente a menos que esteja embrulhado em papel. É o papel que, ao ocultar e revelar um objeto, ritualiza o ato de dar e receber, transformando aquele objeto em um presente. Isso não é apenas uma associação cultural. O material possui propriedades fundamentais que o tornam ideal para isso.

As propriedades mecânicas do papel servem para dobrar. As fibras de celulose que são sua base podem ser parcialmente rompidas na área de dobra máxima, permitindo a formação de um vinco permanente, enquanto suficientes fibras são mantidas intactas para que o material não se quebre e se separe. Na verdade, nesse estado, ele mantém sua capacidade de resistir a ser rasgado, mas pode também ser separado facilmente e com precisão seguindo o vinco se um ponto de fraqueza – um corte pequeno inicial – for aberto. Essa combinação excelente de propriedades mecânicas permite que o papel assuma o formato de qualquer objeto por meio de dobras – levando à arte do origami. Há poucos materiais tão bons: folhas de metal podem ter um vinco, mas o controle delas é um tanto quanto mais difícil. Folhas de plástico não mantêm um vinco, a menos que sejam muito macias, em cujo caso perdem a rigidez (e a formalidade) necessária para ser um bom material de embrulho. Então é sua habilidade de manter um vinco e ao mesmo tempo permanecer rígido que faz do papel o melhor material para esse propósito.

Embrulhar um presente com papel dá a definição e limpeza que enfatiza o que é novo e o valor do presente que está dentro. O papel é forte o suficiente para proteger quando é enviado pelo correio, mas tão fraco que até um bebê pode rasgá-lo. Aquele momento de abertura transporta o objeto que está dentro da obscuridade para a celebridade em poucos segundos. Desembrulhar um presente se assemelha a um nascimento: começa uma nova vida para o objeto.

Recibos

Este é um recibo de uma ida à loja Marks & Spencer três dias antes do nascimento do meu filho Lazlo, em 2011. A mãe de Lazlo, Ruby, teve uma gravidez difícil. Isso aconteceu em parte porque desenvolveu um desejo por cerveja, que ela não se permitia beber, mas insistia para que eu tomasse por ela. Alguns dias o desejo era tão forte que, como mostra o recibo da M&S, eu tinha que beber três garrafas por noite, com Ruby seguindo cada gole às vezes com muita ansiedade, mas no geral com um olhar acusador.

Lazlo quase nasceu duas semanas antes do previsto, mas em um giro que nenhum de nós consegue explicar satisfatoriamente, ele se recusou a sair. Depois de vinte e quatro horas fomos liberados do hospital com o conselho de que Ruby comesse *curries* apimentados, pois isso poderia encorajar Lazlo a deixar o útero. Duas semanas depois já estávamos cansados de comer o *curry* que eu ia comprar toda noite. Eu lembro que gostava mais do *rogan josh* de cordeiro e a gente ia comer aquilo de novo. A lógica era que a dieta apimentada tornaria a vida de Lazlo mais desconfortável, mas na verdade sinto que éramos nós que estávamos sofrendo com o desafio digestivo de nossa dieta extrema. Lazlo, por falar nisso, agora tem dois anos e adora comida apimentada.

Apesar das lembranças dos tempos desconfortáveis que o recibo traz, estou feliz por ainda possuí-lo. Contém um tipo diferente de intimidade do que teria uma foto ou mesmo um diário, onde esses detalhes aparentemente mundanos de nossas vidas podem se perder. Infelizmente, o recibo não vai sobreviver tempo suficiente para que Lazlo o leia. Já está desaparecendo, pois o papel térmico sobre o qual está impresso degrada com o tempo. A razão para isso é que a impressão em papel térmico não significa acrescentar tinta a ele. Em vez disso, a tinta já está encapsulada no papel, na forma de um chamado corante leuco e um ácido. O ato de imprimir exige apenas um pouco de calor sobre o papel; assim o ácido e o corante reagem entre si, convertendo o corante do estado transparente em um pigmento escuro. É essa tecnologia de papel inteligente que garante que as registradoras nunca fiquem sem tinta. Mas com o tempo o pigmento volta a seu estado transparente e assim a tinta desaparece, levando com ela a evidência de jantares com *curry* e cerveja. Mesmo assim, a M&S encoraja muito: "Por favor, mantenha seu recibo", algo que fiz, por ser obediente.

DE QUE SÃO FEITAS AS COISAS

Envelopes

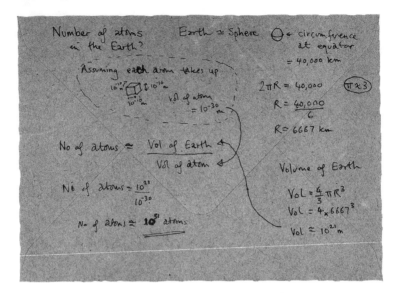

Meu chute do número de átomos na Terra, que calculo ser 10.0000000000. 0000000000.0000000000.0000000000.0000000000 de átomos, no verso de um envelope. Essa resposta é a correta para uma ordem de magnitude.

Esse lampejo de inspiração pelo qual somos atingidos quando estamos no ônibus ou em um café exige uma expressão física imediata. Precisa ser anotado urgentemente antes de ser esquecido. Mas onde? Você está longe de sua mesa e de seus cadernos. Procura em seus bolsos algum pedaço de papel e encontra uma carta, uma conta de luz talvez, mas serve; existe espaço suficiente na parte de trás do envelope para você escrever sua ideia. Então você escreve, seguindo uma longa linha de famosos cientistas e engenheiros que, durante toda a história, afirmaram que o verso de um envelope é um importante teatro de ideias.

O físico Enrico Fermi é famoso não só por resolver questões fundamentais de ciência no espaço restrito da parte traseira de um envelope, mas por formalizar esse processo. Essa nova forma de cálculo – o equivalente científico a um haicai – é chamada de ordem de magnitude de cálculo. É uma maneira de olhar o mundo que valoriza, acima de tudo, não as respostas exatas, mas respostas que são facilmente compreensíveis e dizem algo fundamental sobre o mundo usando somente a informação disponível em um ônibus. Elas devem ser exatas por "uma ordem de magnitude", ou seja, devem ser corretas dentro de um fator de dois ou três (quer dizer, o valor correto poderia ser 1/3 menor ou no máximo três vezes maior que o resultado, mas não mais nem menos que isso). Tais cálculos são bastante aproximados, mas foram usados por Fermi e por outros para demonstrar um paradoxo: o grande número de estrelas e planetas no universo deveria fornecer abundantes oportunidades para a formação de outras vidas inteligentes e, portanto, uma grande probabilidade de que possamos encontrá-las, e mesmo assim, por não termos encontrado, aquele número enorme é precisamente o que mostra como é rara a vida inteligente.

Quando era criança, estava obcecado com histórias de famosos cientistas que resolveram problemas fundamentais na parte de trás dos envelopes, tanto que costumava levar velhos envelopes comigo para a escola e praticar a solução de problemas neles. Era um tipo de arte marcial para a mente, que só exigia uma caneta e um envelope. Isso me ajudava não só a esclarecer meus pensamentos, mas também a passar nas provas. A primeira pergunta no meu exame de física para entrar na Universidade de Oxford foi: "Estime o número de átomos na Terra". Sorri quando li isso. Era um território clássico dos chutes em envelopes. Não consigo me lembrar como resolvi a pergunta na prova, mas na página anterior está minha versão atual desse cálculo.

Papel higiênico

A fórmula química para o papel higiênico, que é
composto por fibras de celulose quase puras.

O fato de que ainda limpamos nossos traseiros com papel, apesar da invenção de várias outras formas mais higiênicas e eficientes de realizar esse ato fedido e visceral, é algo que me assombra.

Nosso uso de papel higiênico tem muitos efeitos colaterais. Para começar, de acordo com a *National Geographic,* a limpeza global de traseiros exige o corte e processamento de 27 mil árvores diárias. Que o papel seja usado apenas uma vez e jogado no lixo parece um fim terrível para as vidas de tantas árvores. Mas há um cenário pior: que o papel higiênico não desça pela descarga. Isso aconteceu comigo quando fiquei com meu irmão no seu apartamento em Manhattan.

Há um terror especial associado com aquele momento na casa de outra pessoa quando seu cocô não quer ir embora. O meu não quis descer e tinha colocado mais papel por cima, o que pareceu uma má ideia, mesmo naquele momento, mas isso não me impediu. Toda a família estava lá para o Natal e muita gente iria usar o banheiro. Hesitei na porta, pensando no que fazer. Decidi apertar de novo a descarga. A água começou a subir, junto com meu horror. E então aconteceu o momento tão temido: a água superou a privada e começou a se espalhar pelo chão daquele moderno apartamento. O fato de estarmos no 34º andar parecia tornar tudo ainda pior. Imaginei todo o cocô dos andares acima parados em uma fila que logo se espalharia pelo apartamento do meu irmão. Era um pensamento irracional, mas um transbordamento de cocô causa isso. Cocô e papel higiênico estavam nadando no chão, avançando pelos azulejos na minha direção.

Meu irmão me bloqueou no banheiro, que agora fedia como um esgoto, enquanto me entregava um esfregão e um desentupidor através de uma abertura na porta. Devo ter demorado horas para limpar e pareceram dias. Desde então, adquiri um grande interesse em tecnologias alternativas para limpeza pessoal. Com certeza, o século XXI vai ver o fim do papel higiênico e o começo de uma nova maneira para resolver esse problema básico.

Sacolas de papel

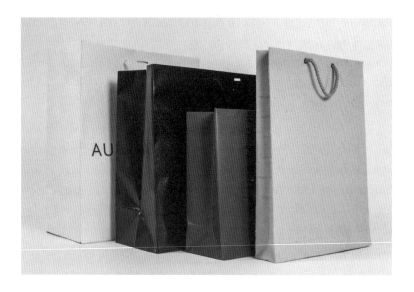

Sinto um nervosismo particular quando vou comprar roupas caras. Elas parecem estranhas quando experimento na loja e não importa quantos sorrisos e acenos de aprovação das vendedoras, nunca tenho certeza se deveria gastar tanto dinheiro nelas. Quando concordo em comprar, no entanto, ganho algo do qual nunca me canso.

Aparece primeiro em sua condição achatada, mas então o fundo é puxado e faz aquele glorioso som de trovão quando as laterais de papel dobradas são colocadas na posição vertical. Aí está ela no balcão da loja, como uma borboleta recentemente saída de sua crisálida: perfeita, elegante e equilibrada. De repente, minha compra parece certa, agora que as roupas foram alocadas nesse receptáculo especial para acompanhá-las na volta para casa.

Em contraste total com o papel higiênico, nesta aparência, o papel é um material refinado e estiloso: leve, duro e forte. Mas a força é uma ilusão. As fibras de celulose que formam a sacola de papel não são mais acompanhadas pela lignina que as mantém juntas quando eram parte de uma árvore. Apesar de haver conexões de hidrogênio entre as fibras durante o estágio de secagem, que dão ao papel alguma força, elas devem ser reforçadas com adesivos sintéticos. Mesmo nesse ponto é um material fraco, com pouca resistência à água: quando molhado, as fibras perdem suas ligações de hidrogênio e a bolsa de papel se desintegra rapidamente.

É, talvez, a própria fragilidade das bolsas de papel que faz com que sejam boas para sua tarefa. Roupas caras tendem a ser leves e frágeis, e talvez o fato de ser necessário o papel na viagem para casa reforce isso. O papel também tem um alto *status* cultural: fala do ofício da produção, do objeto feito à mão, associações que combinam com roupas feitas sob medida. Novamente, isso é uma ilusão no caso do papel: é um produto totalmente industrializado, e com muitos custos ao meio ambiente também. O impacto em termos de uso de energia de uma única sacola de papel é maior, descobriu-se, que o de uma sacola de plástico. São também uma indulgência, criada para comemorar suas compras triunfantes; marcam o momento da chegada em casa, pois batem inevitavelmente nos marcos da porta enquanto você caminha pelo corredor, uma trilha sonora que parece um trovão leve preenchendo seu tempo com animação e orgulho.

Papel brilhante

O visual e a sensação do papel acabam tendo a máxima importância e o segredo da sua utilidade como material. Pode ser transformado de rústico a oficial, de retrô a glamoroso, simplesmente mudando a camada superficial. Controlar essas considerações estéticas é vital para o sucesso econômico das publicações comerciais.

A ciência dessa transformação é um tópico muito avançado de pesquisa. O brilho, a maciez e o peso do papel mostraram-se cruciais ao sucesso de certas revistas, mas menos apreciada é a importância da firmeza – ou então, a facilidade com a qual o papel será dobrado: se for muito flexível o papel dá a impressão de ser barato; muito duro e parece mais importante. Essa dureza é controlada pela adição de "extensões" – aditivos de pó fino, como caulim e carbonato de cálcio, que, entre outras coisas, reduz a capacidade do papel de absorver umidade, fazendo com que a tinta seque em sua superfície em vez de penetrar em suas fibras, enquanto também permitem que a brancura do papel seja controlada. Esses pós, e os encadernadores que os conectam às fibras de celulose do papel, criam o que é conhecido como uma "matriz composta". (O concreto é um exemplo familiar de material composto, pois é igualmente constituído de dois materiais distintos: cimento, que é a matriz ou a "encadernação", e o agregado, que é conhecido como "reforço".) O controle da matriz determina o peso, a força e a dureza do papel.

Não é algo tranquilo, no entanto. O visual e a sensação das revistas glamorosas populares exigem uma combinação de dureza e baixo peso, o que transforma o papel em um instrumento cortante. O papel é fino de tal maneira que suas pontas são tão cortantes quanto uma navalha. Na maioria das circunstâncias, a folha se dobra em vez de cortar, mas se você correr os dedos por ela no ângulo correto, o papel pode cortar. Tais cortes são famosos por doerem muito, mas não está claro o motivo. Pode ser porque tendem a ocorrer nos dedos, que possuem uma alta densidade de receptores sensoriais, então parecem mais dolorosos que cortes em outras partes do corpo. Claro, é um preço que vale a pena pagar, ou pelo menos é o que pensam as milhões de pessoas que compram revistas com papel brilhante.

Tíquetes

> *O tíquete do meu trem para Bhubaneswar, uma viagem que fiz quando fui à Índia em 1989, com Emma Westlake e Jackie Heath.*

Quando a espessura do papel é aumentada, ele perde sua flexibilidade, tornando-se mais duro, até que, em algum momento, fica duro o suficiente para se manter e não se curvar sob seu próprio peso. Nesse ponto, assume um novo papel cultural, que é a permissão para viajar. No mundo todo, tíquetes de ônibus, trem e avião são feitos de um papel grosso chamado cartão.

Todas as formas de transporte humano são criadas para serem duras, e talvez essa seja a razão pela qual a dureza mecânica do cartão funcione tão bem para representar viagens. Carros dobráveis não são apenas incomuns, são disfuncionais, porque se um chassi de carro não fosse rígido o suficiente, então o alto desgaste que ele sofre desalinharia o mecanismo da direção. Da mesma forma, se um trem dobra muito, sairá dos trilhos, e se as asas do avião vergassem muito sob o próprio peso, elas não permitiriam a subida. Assim, a engenharia de trens, aviões e automóveis exige quase uma devoção fetichista da rigidez.

Além da rigidez, a solidez aumentada e a força, como em cartões, dão ao tíquete um senso de autoridade. É, afinal, um tipo de passaporte temporário que garante o direito de passagem. Atualmente, um tíquete deve ser inspecionado tanto por máquinas como por humanos; assim, é importante que ele seja forte o suficiente para não se tornar curvo e enrugado enquanto está sendo manuseado, enfiado nos bolsos e guardado e tirado de carteiras.

O mundo da viagem é dominado por máquinas duras e o cartão reflete isso para nós. O mais engraçado: com os carros e aviões ficando mais leves e mais eficientes, os tíquetes também acompanham a mudança, tornando-se mais finos. Em pouco tempo, é provável que eles desapareçam totalmente, tornando-se parte de nossas vidas digitais.

Cédulas

O dinheiro é o mais sedutor de todos os papéis. Há poucas coisas mais prazerosas na vida que digitar sua senha em um buraco na parede e receber adoráveis cédulas novinhas. Em quantidade suficiente, é um passaporte para qualquer coisa e qualquer lugar no mundo, e essa liberdade é intoxicante. São também os pedaços de papel mais sofisticados que já foram feitos, e precisam ser, pois representam literal e materialmente a confiança que temos em todo o sistema econômico.

Para prevenir falsificações, o papel tem truques na manga. Primeiro de tudo, não é feito de celulose de madeira, como outros papéis, mas de algodão. Isso não só dá maior força e evita sua desintegração na chuva e nas máquinas de lavar, como também muda o som do papel: esse som crocante do papel moeda é uma de suas características mais notáveis.

É, igualmente, uma das melhores medidas antifalsificação porque é difícil imitá-lo com papel feito de madeira. A textura especial do papel de algodão é algo que as máquinas do banco monitoram. Os seres humanos também são sensíveis a isso. Se existir alguma dúvida sobre uma cédula, há um teste químico simples que pode confirmar se é algodão ou não. Isso é feito em muitas lojas usando uma caneta de iodo. Quando usada sobre o papel baseado em celulose, o iodo reage com o amido na celulose para criar um pigmento e assim surge uma marca preta. Quando a mesma caneta é usada sobre o papel de algodão não existe amido para o iodo reagir, e não aparece nenhuma marca. Essas duas medidas básicas permitem que as lojas se protejam de falsificações produzidas usando fotocopiadoras coloridas.

Mas o papel tem mais um truque na manga: marcas d'água. Elas são um padrão ou imagem embutido no papel, mas só podem ser vistas quando a luz atravessa o papel – em outras palavras, quando você segura a nota contra a luz. Apesar do nome, as marcas d'água não são manchas de água ou algum tipo de tinta. Elas são criadas a partir de pequenas mudanças na densidade do algodão; assim, diferentes partes da nota parecem mais claras e escuras para produzir um padrão – ou, no caso das cédulas do Reino Unido, a cabeça do monarca.

O papel-moeda é uma espécie em perigo. O dinheiro é quase todo eletrônico hoje em dia, e somente uma pequena porcentagem das transações é realizada em dinheiro. Principalmente as transações de menor valor, e o dinheiro eletrônico está se preparando para substituí-las também.

Papel eletrônico

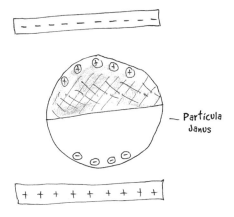

"Papel" eletrônico em aparelhos de leitura usa partículas eletrostáticas Janus como a "tinta" eletrônica.

Quando a informação pôde ser escrita em papel, bibliotecas se tornaram os arquivos mais importantes do conhecimento acumulado e da sabedoria de uma civilização. Esse papel crucial da biblioteca sobreviveu até recentemente. O acesso a uma grande biblioteca era essencial aos estudos em qualquer universidade, e ter acesso a uma biblioteca local era visto como um direito humano básico nas sociedades modernas. A revolução digital mudou consideravelmente o cenário. Agora, é possível acessar um conjunto completo de trabalhos escritos da raça humana com o uso de um computador. Mas há muita resistência na passagem do livro físico para o digital. A maior parte não tem a ver com acesso, mas com o deleite sensual no ato de ler.

De repente, como acontece com tanta frequência na história da engenharia, uma tecnologia que existia há algum tempo, mas tinha pouca ou nenhuma aplicação de massa, começou a crescer. O papel eletrônico é um tipo de tela plana que mostra o texto usando tinta real e foi criado para ler com luz reflexiva sobre ele da mesma forma que um livro físico. A diferença é que o papel eletrônico pode ser controlado digitalmente para mostrar qualquer texto que você queira visualizar quase instantaneamente. Quando integrado a um chip de computador, pode guardar e mostrar milhões de livros.

A tecnologia baseia-se na tinta sendo transformada na chamada partícula Janus. Cada partícula de tinta é tingida, ficando escura de um lado e branca do outro. Os dois lados possuem cargas elétricas opostas; assim, cada pixel no papel eletrônico pode ser escuro ou branco através da aplicação da carga elétrica apropriada. São chamadas de partículas Janus por causa do deus romano das transições, que é representado com duas faces e está geralmente associado a portas e portões. Como as partículas Janus são tinta física e precisam ser fisicamente giradas quando o texto é mudado, não podem ser mudadas tão rapidamente quanto a tela de cristal líquido de um iPad ou smartphone, sendo, no momento, incapazes de mostrar filmes e outras coisas da moda. Possuem uma agradável qualidade retrô, que talvez combine com a palavra escrita.

A partícula Janus tornou a leitura de e-books muito mais próxima da experiência de leitura do livro físico, pelo menos em termos da aparência das palavras na página. Ainda pode ser o futuro da palavra escrita. No entanto, é improvável que o papel eletrônico substitua completamente os livros enquanto não tiver o cheiro, a sensação e o som característicos do papel, já que é essa fisicalidade multissensorial da leitura que acaba sendo uma de suas grandes atrações. As pessoas amam os livros, talvez mais do que amam a palavra escrita. Usam os livros como uma forma de definir quem são e fornecer provas físicas de seus valores. Livros nas estantes e nas mesas são um tipo de exercício de marketing interno, para nos lembrar quem somos e quem queremos ser. Somos seres físicos então talvez faça sentido para nós identificarmos e expressarmos nossos valores usando objetos físicos, que gostamos de sentir, tocar e cheirar, além de ler.

Jornais

Há algo na fotografia impressa ou na manchete de jornal que faz com que o evento descrito pareça mais real que em qualquer outra forma de transmitir as notícias. Talvez seja porque há uma realidade inegável no jornal em si: é um verdadeiro objeto material. Essa autenticidade contagia as notícias. Pode ser apontado, sublinhado, cortado, preso em quadros de notícias, colado em livros de recortes ou arquivado em bibliotecas. As notícias se tornam um artefato, congelado no tempo; o evento pode ter acontecido há muito tempo, mas continua um fato indisputável por sua presença material – mesmo que não seja verdade.

Em contraste, os sites de notícias parecem efêmeros. Apesar de também serem arquivos, não existe um único componente físico que possa ser apontado como evidência da informação que eles expressam. Por esse motivo, existe a sensação de que elas podem ser manipuladas mais facilmente, e que a própria história poderia ser alterada. Ao mesmo tempo, é precisamente esse imediatismo e fluidez de conteúdo que faz a mídia digital ser tão interessante. O site de notícias está conectado com uma era que vê a história como muito menos monolítica que as anteriores. Sites de notícias digitais são, potencialmente, muito mais democráticos também, pois enquanto um jornal físico exige enormes impressoras e uma rede de distribuição ligando trens, aviões, caminhões, lojas e também vendedores, no mundo digital uma única pessoa pode se comunicar com o mundo todo a partir de um computador, sem exigir que uma única árvore seja cortada.

Deixar os jornais impressos vai mudar não apenas o diálogo interno de países e cidades, mas hábitos sociais também. O farfalhar do papel não será mais parte do ritual dos domingos à tarde; jornais não vão proteger mais o chão de botas enlameadas ou ser esquecidos dobrados em bancos de estações de trem; não vão mais proteger o chão das gotas de tinta, nem embrulharão objetos frágeis para protegê-los; não serão mais enrolados como uma bola para acender uma fogueira ou jogados na cara de seu irmão. Nenhum desses usos dos jornais é essencial em si mesmo, mas, como um todo, pintam uma imagem de um material muito doméstico, útil e bastante amado. Um material que deixará saudades.

DE QUE SÃO FEITAS AS COISAS

Cartas de amor

Do you remember
the first cold night we met
when you were wearing a beard
and that lumpy brown cardigan
and I was in my fake leopardskin coat
and I asked you too many questions
and I wanted to impress you
because you felt so right
and you and the wine made me bold
and I said we should see each other again
I'd rehearsed it in my head
as we sat talking
and you said yes
and I walked away glowing
and grinning
and the next time I saw you
and we were at that strange party
where you talked to a man
in a bow tie
and I was coming down with flu
and we left in the freezing fog
and that Russian bar was closed
and we got the night bus
or was it a taxi
to your flat

where earlier we'd had a cocktail
and you lit a fire and made
hot toddies.
and we sat on the floor and kissed
and I stayed the night
and you lent me your Kurasawa t-shirt
and I kept my leggings on
and in the morning we met Buzz
and had coffee together
and that was the beginning
of this most precious part of my life
and every day I think to myself
how incredibly lucky I am to have met you
and how exciting our future seems
and how full of love
and possibility.

I miss you, and it's
cold, and I'm wearing
your brown cardigan.
XXXR

Carta do meu amor. [2]

Apesar da marcha das tecnologias digitais, é difícil acreditar que o papel vai desaparecer completamente como um meio de comunicação. Para algumas mensagens nós confiamos, acima de tudo, em outras mídias. Não há nada que aperte mais nosso estômago enquanto, ao mesmo tempo, faz o coração parar – literalmente –, que uma carta de sua amada chegando pelo correio. Ligações telefônicas são ótimas e íntimas, mensagens de texto e e-mails são instantâneos e gratificantes, mas segurar em suas mãos o mesmo material que sua amada tocou e respirar o doce aroma do papel é realmente a base do amor.

É uma comunicação que vai além das palavras. Há uma permanência, uma solidez física que acalma aqueles que possuem uma natureza insegura. Pode ser lida e relida muitas vezes. Ela ocupa um espaço físico em sua vida. O papel em si se torna um simulacro da pele da amada, tem o cheiro dela, e sua letra é tanto uma expressão de sua natureza única quanto uma impressão digital. Uma carta de amor não é falsa e não pode ser cortada e colada.

O que tem o papel que permite a expressão de palavras que, de outra forma, ficariam em segredo? São escritas em um momento privado, e dessa forma, o papel se empresta ao amor sensual – o ato de escrever tem fundamentalmente a ver com toque, fluxo, floreio, de doces distanciamentos e pequenos esboços, uma individualidade que está livre da mecânica de um teclado. A tinta se torna um tipo de sangue que exige honestidade e expressão, verte sobre a página, permitindo que os pensamentos fluam.

Cartas fazem com que as separações sejam mais duras também, já que, como as fotografias, elas ecoam para sempre na página. Para alguém cujo coração está machucado isso é uma crueldade, e para aqueles que mudaram de vida é uma repreensão dolorosa de infidelidade ou, no mínimo, um espinho de inconstância na construção de sua personalidade. O papel, no entanto, como um material baseado em carbono, tem uma solução brilhante para quem quer ser liberado dessa tortura: um fósforo.

3. Fundamental

Certo dia, na primavera de 2009, eu estava indo comprar pão no mercado quando virei a esquina e descobri que as Torres Southwark tinham desaparecido. Todos os 25 andares de um clássico prédio de escritórios dos anos 1970 tinham sido demolidos. Tentei me lembrar quando as vira pela última vez. Certamente tinha sido na semana anterior, quando eu fizera esse mesmo trajeto. Fiquei um pouco enjoado: estava perdendo o controle ou as demolições de prédios tinham ficado bem mais eficientes? De todas as formas eu me senti menos seguro de mim mesmo, um pouco menos importante. Eu gostava das Torres Southwark. Elas tinham portas automáticas colocadas quando essas coisas ainda eram novidade. Agora o arranha-céu tinha desaparecido, deixando um buraco maior na rua e na minha vida do que eu esperava: nada ia parecer o mesmo. Fui até os cartazes muito coloridos que agora cercavam o espaço vazio que tinha sido deixado.

Ao lado dos cartazes, um aviso anunciava que o maior edifício da Europa, o Shard, seria construído ali. Havia uma foto de um arranha-céu gigante, pontudo e de vidro que se levantaria sobre as cinzas das Torres Southwark sobre a estação London Bridge: o texto exaltava uma visão dessa nova construção dominando o horizonte de Londres durante as próximas décadas.

Eu me senti chateado e preocupado. E se esse gigante falo de vidro se tornasse um alvo de terroristas? E se fosse atacado como as Torres Gêmeas e colapsasse, matando a mim e a minha família? Consultei o Google Maps e verifiquei que mesmo se o prédio de 330 metros caísse de lado, não alcançaria meu apartamento. Poderia alcançar a Shakespeare Tavern, um pub próximo, mas que eu não frequentava. Mesmo assim, haveria a sufocante nuvem de poeira que seria criada, murmurei enquanto caminhava com um ar apocalíptico para comprar pão.

Nos anos seguintes, eu assistiria a construção desse enorme arranha-céu perto de casa. Fui testemunha de visões extraordinárias e dos recursos incríveis da engenharia, mas o principal é que acabei conhecendo muito bem o concreto.

Eles começaram cavando um gigantesco buraco. E quando digo gigantesco, estou falando *enorme*. Semana após semana, quando ia comprar pão, eu olhava através das janelas colocadas ao lado dos cartazes para ver o progresso das máquinas gigantescas que estavam tirando a terra, cavando ainda mais fundo, como se estivessem minando algo. Mas o que estavam tirando era barro – barro que tinha sido depositado ali por centenas de milhares de anos pelo rio Tâmisa. Era o mesmo barro grosso que sempre tinha sido usado para criar os tijolos que faziam as casas e depósitos que formaram a cidade de Londres. Mas esse barro não seria usado para construir o Shard.

Um dia, quando todo aquele barro tinha sido removido, jogaram setecentos caminhões de concreto no buraco. Isso criaria as fundações que manteriam o enorme arranha-céu e evitaria que os 72 andares acima, e as vinte mil pessoas que viveriam ali, afundassem no barro. Encheram o enorme buraco com concreto, uma camada após a outra, construindo um andar subterrâneo depois do outro até que não havia mais buraco enorme, só uma catedral subterrânea de concreto, que estava agora, aos poucos, se tornando completamente sólida. Tudo foi feito muito bem e com uma velocidade impressionante; algo importante, pois, por questão de custo, eles tinham começado a construir a torre antes de terem terminado suas fundações.

"Quanto tempo você acha que o concreto leva para secar?", me perguntou um homem que levava o cachorro para passear, enquanto nós dois olhávamos pelas janelinhas. "Não sei", menti.

Minha mentira tinha a intenção de cortar a conversa, e funcionou. Era uma mentira habitual, nascida por viver em Londres e por ter aprendido formas de, educadamente, evitar conversas com estranhos. Especialmente porque eu não sabia como ele, ou seu cachorro, aceitariam o começo de nossa amizade com uma correção: o concreto não seca. Ao contrário, a água é um ingrediente do concreto. Quando se coloca o concreto, ele reage com a água, iniciando uma cadeia de reações químicas para formar uma microestrutura complexa profunda dentro do material; então, esse material, apesar de ter muita água dentro de si, não apenas é seco, mas também é à prova de água.

O estabelecimento do concreto é, no seu interior, uma engenhosa peça de química, que possui rocha pulverizada como seu ingrediente ativo. Nem todo tipo de rocha vai funcionar. Se quiser fazer seu próprio concreto, vai precisar de um pouco de carbonato de cálcio, que é o principal componente do calcário – uma rocha formada pelas camadas comprimidas de organismos vivos durante milhões de anos e depois fundida pelo calor e pressão do movimento da crosta terrestre. Também precisa de alguma rocha contendo silicato – um componente que contém silício e oxigênio e constitui quase 90% da crosta terrestre –; para isso, serve algum tipo de barro. Triturar esses ingredientes e misturá-los com água não vai levá-lo a lugar algum, a menos que você queira criar barro grudento. Para criar dentro deles o ingrediente essencial que vai reagir com a água, será preciso liberá-los de suas atuais conexões químicas.

Isso não é fácil. Essas conexões são extremamente estáveis e é por isso que as rochas não se dissolvem facilmente, nem reagem com muitas coisas: ao contrário, elas duram milhões de anos. O truque é aquecê-las a uma temperatura de aproximadamente 1.450 °C. Essa é uma temperatura muito superior à de um fogo alimentado por madeira ou carvão vegetal, que se encontra entre 600 °C e 800 °C se for vermelho brilhante ou amarelo quente. A 1.450 °C o fogo vai brilhar branco, sem tons vermelhos ou amarelos nas chamas, mas com um toque de azul. É tão brilhante que quase se torna doloroso olhar para ele.

A essas temperaturas, a rocha começa a se esfacelar e se reorganizar para criar uma família de componentes chamados silicatos de cálcio. É uma família porque há muitas impurezas menores que podem mudar o resultado do que você está fazendo. Para criar concreto, as rochas ricas em alumínio e ferro são os ingredientes mágicos, mas somente nas proporções corretas. Quando tudo esfriou, o resultado é um pó de cor branco-acinzentada como a lua. Se enfiar a mão nele, vai descobrir que tem a textura macia das cinzas – há algo atávico nele –, mas suas mãos logo vão ficar secas como se estivessem debaixo de algum tipo sutil de ataque. Esse é um material muito especial, com um nome muito tonto: cimento.

Se agora você acrescentar água a esse pó, ele vai sugá-la com facilidade e escurecer. Mas em vez de formar uma lama gosmenta, que é o que ocorre se você acrescentar água à maior parte das rochas pulverizadas, uma série de reações químicas acontece para formar um gel. Géis são tipos de matéria semissólidas – a gelatina servida nas festas infantis é um gel, assim como muitas das pastas de dentes. Não se espalha como um líquido porque possui um esqueleto interno que evita o movimento líquido. No caso do alimento, isso é criado pela gelatina. No caso do cimento, o esqueleto é feito de fibrilas hidratadas de silicato de cálcio, que são entidades parecidas com cristais que crescem das moléculas de cálcio e silicato, agora dissolvidas na água, de uma forma que parece quase orgânica (veja a figura a seguir). Assim, o gel que se forma dentro do cimento muda constantemente quando o esqueleto interno cresce e mais reações químicas vão acontecendo.

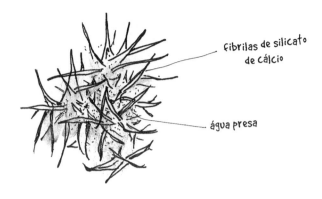

Um desenho das fibrilas de silicato de cálcio crescendo dentro do cimento.

Quando as fibrilas crescem e se encontram, elas se unem, formando conexões e se afastando cada vez mais da água, até que toda a massa passa de um gel a uma rocha sólida. Essas fibrilas vão se conectar não só uma com a outra, mas também com outras rochas e pedras, e assim se dá a transformação do cimento em concreto. Cimento é usado como conector de tijolos e pedras para fazer casas e monumentos, mas nos dois casos ele é colocado entre as rachaduras como o componente minoritário, uma cola urbana. Quando se transforma em concreto ao misturar-se com pequenas pedras, que fazem o papel de pequenos tijolos, alcança todo seu potencial para se tornar um material de estrutura.

Como acontece com qualquer reação química, se você errar a proporção dos ingredientes, só vai conseguir uma massa disforme. No caso do concreto, se você acrescentar muita água não vai ter silicato de cálcio suficiente para reagir com o pó de cimento, e assim a água vai ficar sem estrutura, o que a deixa fraca. Da mesma forma, se você acrescentar pouca água vai ficar muito cimento sem reação, o que novamente enfraquece a estrutura. Normalmente são erros humanos desse tipo que terminam estragando o concreto. O concreto fraco pode passar despercebido, mas leva a catástrofes anos depois que os construtores foram embora. A extensão do desastre por causa do terremoto de 2010 no Haiti foi culpa das construções inferiores e do concreto de baixa qualidade: uma estimativa mostra que 250 mil prédios colapsaram, matando mais de 300 mil pessoas e deixando mais de 1 milhão sem casa. O pior é que o Haiti não é um lugar incomum. Essas bombas de tempo de concreto estão espalhadas por todo o mundo.

Acompanhar a origem de tais erros humanos pode ser difícil já que, do exterior, o concreto parece estar bem. O engenheiro que supervisionava a construção do Aeroporto JFK notou, com testes de rotina, que o concreto chegando nos caminhões antes do meio--dia eram fortes quando montados, mas os que chegavam depois do meio-dia eram consideravelmente mais fracos. Intrigado, investigou todas as possíveis razões para isso, mas não conseguiu encontrar a resposta até acompanhar o caminhão na seguinte entrega do concreto até o aeroporto. Descobriu que ao redor do meio-dia, o motorista tinha o hábito de fazer uma parada para almoçar e regava o concreto com água antes de fazer isso, acreditando que o acréscimo de água manteria o concreto líquido por mais tempo.

Enquanto cavavam as fundações para o Shard e suas estruturas de apoio, os engenheiros encontraram evidências de um tipo de concreto anterior à modernidade: concreto romano. Este mantinha o que sobrou de um banheiro romano que eles encontraram quando demoliram minha lanchonete preferida, que ficava ao lado das, agora extintas, Torres Southwark.

Os romanos tiveram sorte com o concreto. Em vez de fazer experiências aquecendo diferentes combinações de rochas comuns a altíssimas temperaturas, eles encontraram cimento já feito em um lugar chamado Pozzuoli, bem nos arredores de Nápoles.

O que sobrou de um banheiro romano encontrado pelos engenheiros do Shard.

Pozzuoli fede – literalmente. Tirou seu nome do latino *putere* (feder), e o cheiro vem do enxofre nas areias vulcânicas próximas. O lado bom do cheiro era que a região tinha sido a recipiente de lava e erupções de cinzas e pedra-pomes por milhões de anos. Essa cinza vulcânica é o resultado do superaquecimento de rochas de silicato, que eram então expelidas por uma passagem vulcânica – um processo muito curioso, similar ao usado para criar o cimento moderno. Tudo que os romanos tinham de fazer era aguentar o cheiro e minerar o pó de rocha acumulado por milhões de anos. Esse cimento feito naturalmente é um pouco diferente do cimento moderno (Portland) e exige a adição de cal para ser formado. Mas depois de feito isso e acrescentando-se pedras para ficar forte, os romanos tinham em suas mãos, pela primeira vez na história humana, o material fundamentalmente único que é o concreto.

A natureza composta de um prédio de tijolos é parte do apelo. O tijolo em si mesmo é uma unidade de construção criada para caber na palma da mão, dando a tudo uma escala humana. O concreto é fundamentalmente diferente desse material de construção, porque começa como líquido. Isso significa que construções feitas de concreto podem ser vertidas, e o que é criado é uma estrutura contínua, das fundações até o teto, sem nenhum encaixe.

O mantra de um engenheiro de concreto é: você quer fundações, nós jorramos fundações; você quer pilares, vamos jorrar pilares; você quer chão, nós jorramos chão; quer o dobro do tamanho? Sem problema; você quer curva? Sem problema. Com concreto, se você pode construir o molde, pode criar a estrutura. O poder da coisa é palpável e viciante para qualquer um que visitar os locais de construção onde a coisa está sendo feita. Uma semana após a outra, eu ficava olhando pela janelinha no local de construção de Shard e me espantava com o que via. Uma construção estava crescendo a partir da base; estava sendo jorrada para sua existência por formigas humanas. Rocha pulverizada e pedras chegavam no lugar e eram transformadas pela simples adição de água na rocha de novo. É tanto uma filosofia quanto uma técnica de engenharia, completando um ciclo que começa quando a capa da Terra cria rochas e pedras a partir da construção da montanha, que é então minerada por humanos e transformada de novo em nossas próprias montanhas artificiais de rocha, feitas com nosso próprio design, onde vivemos e trabalhamos.

A existência do concreto alimenta a ambição de engenheiros. Quando os romanos inventaram aquilo, perceberam seu potencial para construir a infraestrutura de seu império. Permitiria que construíssem portos onde quisessem, porque o concreto poderia ser estabelecido debaixo da água. Poderiam construir aquedutos e pontes também – a própria infraestrutura exigida para transportar os ingredientes primários do concreto onde quer que fosse necessário, em vez de depender das pedras ou do barro locais. Nesse sentido, o concreto serve muito bem para construir um império.

DE QUE SÃO FEITAS AS COISAS

A peça mais importante da engenharia concreta romana, no entanto, está em sua capital: a cúpula do Panteão em Roma, ainda hoje de pé, tem dois mil anos e ainda é a maior cúpula de concreto sem reforço do mundo.

Apesar de o Panteão ter sobrevivido à queda do Império Romano, o concreto, como material, não conseguiu. Não houve estruturas de concreto por mais de mil anos depois que os romanos pararam de fazê-las. A razão para a perda dessa tecnologia de materiais permanece um mistério. Talvez o material estivesse perdido porque era industrial na natureza e precisava de um império industrial para apoiá-lo. Talvez estivesse perdido porque não estava associado a uma habilidade ou ofício, como a dos ferreiros, alvenaria ou carpintaria, e não era transmitido como um ofício familiar. Ou talvez tivesse se perdido porque o concreto romano, mesmo sendo tão bom como era, tinha um defeito crucial, um defeito que os romanos conheciam, mas não conseguiram resolver.

Há duas formas de quebrar um material. Uma é rompê-lo plasticamente, que é o que acontece quando, por exemplo, você puxa o chiclete: o material é capaz de reorganizar-se, fluindo e ficando mais fraco no meio até, no final, estar separado em dois pedaços. Isso é o que você precisa para quebrar a maioria dos metais, mas é necessária muita energia para fazer com que os metais fluam assim (porque muitas deslocações devem ser movidas), e por essa razão são materiais tão fortes e duros. A outra forma de romper um material é criar uma rachadura, como com um copo ou uma xícara que se quebram: incapaz de fluir para acomodar o estresse que o está empurrando, uma única fraqueza nesse tipo de material compromete a integridade do todo, e ele quebra ou se estilhaça. É dessa forma que o concreto quebra, o que acabou sendo uma grande dor de cabeça para os romanos.

Os romanos nunca resolveram esse problema e, por isso, só usavam o concreto em situações em que ele era comprimido em vez de esticado, como em uma coluna, um domo ou nas bases de um prédio, onde toda a parte do concreto era apertada pelo peso da estrutura. Sob essa compressão, o concreto continua forte mesmo quando se formam rachaduras. Se você visitar a cúpula de concreto do Panteão, de dois mil anos, vai ver que, com os anos, ela desenvolveu rachaduras, talvez como resultado de terremotos ou reduções, mas essas rachaduras não colocam em perigo a estrutura porque toda a cúpula está sob compressão. Os romanos, ao tentarem fazer andares suspensos ou vigas de concreto que deveriam resistir a um estresse curvo, descobriram que até a menor rachadura fazia com que a estrutura colapsasse. Quando o material de cada lado da rachadura está sendo separado por seu próprio peso e o peso do edifício, não há como resistir. Então, para usar o concreto em seu potencial total, como fazemos hoje, construindo paredes, pisos, pontes, túneis e represas, esse problema tinha de ser resolvido. Isso só aconteceu quando a Revolução

DE QUE SÃO FEITAS AS COISAS

Industrial europeia começou, e ainda assim a solução veio de uma fonte bastante inesperada.

Um jardineiro parisiense, Joseph Monier, queria fazer seus próprios vasos para plantas. Na época, em 1867, eles eram feitos de barro cozido, o que significa que eram fracos, frágeis e caros, especialmente se alguém quisesse vasos grandes para acomodar plantas tropicais em estufas. O concreto parecia oferecer a solução. Poderia ser usado para fazer grandes vasos muito mais facilmente do que o barro, porque não precisava ser cozido em uma fornalha. Também era mais barato pela mesma razão. Mas ainda era fraco na tensão; assim, no final, seus vasos de concreto quebravam do mesmo jeito que os de terracota.

A solução de Joseph foi incluir pedaços de aço dentro do concreto. Ele não poderia saber que o cimento se liga muito bem ao aço. Poderia ser que o aço fosse como o óleo no vinagrete do concreto, preferindo ficar separado. Mas não, as fibrilas de silicato de cálcio dentro do concreto se unem não só às pedras, mas também ao metal.

O concreto é essencialmente um simulacro de pedra: é derivado disso e similar em aparência, composição e propriedades. O concreto reforçado com aço é fundamentalmente diferente: não há nenhum material parecido na natureza. Quando o concreto armado com o aço sofre o estresse da curvatura, o esqueleto interno do aço absorve o estresse e evita a formação de grandes rachaduras. São dois materiais em um só, transformando o concreto no material de construção especializado mais multiuso de todos os tempos.

Outra coisa que Joseph não poderia saber na época, e que acabou sendo uma das chaves do sucesso de seu concreto armado é que materiais não são coisas estáticas: respondem a seu ambiente, especialmente à temperatura. A maioria dos materiais expande quando ficam mais quentes e se contraem quando ficam mais frios.

Nossos edifícios, estradas e pontes se expandem e se contraem dessa forma, observando ciclos de temperatura diurna e noturna, como se estivessem respirando. É esse movimento de expansão e contração que causa muitas das rachaduras em estradas e edifícios, e se não for levado em conta no design, então o estresse a que é submetido pode destruir a estrutura. Qualquer engenheiro que tentar adivinhar o resultado da experiência de Joseph poderia ter assumido que o concreto e o aço, sendo tão diferentes, se expandiriam e se contrairiam em níveis tão distintos que iriam se destruir; que no calor do verão ou no frio do inverno, no jardim de Joseph, o aço se romperia do concreto, fazendo com que os vasos quebrassem. Talvez tenha sido por isso que foi necessário um jardineiro tentar a experiência – parecia tão óbvio que não funcionaria. Mas, quem sabe por pura sorte, o aço e o concreto têm coeficientes de expansão praticamente idênticos. Em outras palavras, eles se expandem e contraem quase no mesmo nível. Esse é um milagre menor, e Joseph não foi o único a perceber. Um inglês, William Wilkinson, também tinha experimentado essa mágica combinação de materiais. Havia chegado a Era do Concreto Armado.

Podemos ir a qualquer um dos muitos países em desenvolvimento e encontraremos milhões de pessoas que vivem em favelas construídas com barro, madeira e teto de aço enrugado. Essas casas são muito vulneráveis aos elementos da natureza. São opressivamente quentes no sol, possuem vazamentos e instabilidade na chuva. São sempre destruídas por chuvas, arrasadas por inundações ou destruídas por escavadoras a serviço da polícia e dos poderosos. Para construir uma defesa estável contra as intempéries naturais e aqueles que querem oprimi-los, é preciso um material que não apenas seja forte, mas também à prova de fogo, chuva e água, além de, crucialmente, barato o suficiente para que qualquer um possa comprar.

O concreto armado é esse material. A £100 por tonelada, o concreto é, de longe, o material de construção mais barato do mundo. Mas também serve para a mecanização da construção e assim permite mais reduções de custos. Uma pessoa e um misturador de concreto podem construir a base, paredes, pisos e o teto de uma casa em poucas semanas. Como todos esses elementos são parte da mesma estrutura, esta pode facilmente durar centenas de anos em todos os climas. As fundações protegem da infiltração de água e são impenetráveis a ataques de insetos e bolor. As paredes vão resistir ao colapso e podem apoiar com segurança paredes de vidro. Precisa de pouca manutenção: os azulejos não vão cair, porque não é preciso ter azulejos; o teto é parte integral da estrutura, e videiras, plantas e até grama podem ser plantadas sobre ele para ajudar na sustentação e isolar termicamente a construção. (O fato de que esses jardins em terraços só são possíveis graças ao esqueleto interno de aço reforçado do concreto – só cúpulas, como o Panteão, seriam possíveis de outra forma – é uma bonita saudação a um de seus inventores jardineiros.)

Com o trabalho no Shard continuando, eu não precisava mais visitar as janelinhas para espiar o lugar. Na verdade, isso me dava uma visão pior. Toda a ação estava agora no alto da torre. Tinha a melhor visão do meu terraço e logo adquiri o hábito de acordar de manhã e contemplar o progresso do Shard com meu café matinal. Comecei a medir como tinha crescido com uma marcação em giz na minha chaminé. Ia cada vez mais para cima! No auge da atividade, calculei que os engenheiros estavam acrescentando aproximadamente um andar inteiro a cada poucos dias.

O que tornava isso possível era que o concreto estava sendo continuamente vertido. Chegava de caminhão na base do edifício e era bombeado para um molde no alto. Enquanto isso, o molde, que era do tamanho e da forma de um andar do edifício, estava montado com vergas de aço que se tornariam o esqueleto interno da torre de concreto. Quando um andar estava sendo montado, era usado o apoio do molde, que se movia para um andar acima, pronto para montar o próximo. E então se repetia o processo; esse edifício estava crescendo, calculei, a uma velocidade de três metros por dia.

O mais incrível para mim era que esse processo poderia, aparentemente, continuar pelo tempo que quisessem moldar outro andar e colocar mais concreto. Era como um broto de uma árvore crescendo. Na verdade, no entanto, há limites ao processo. Os engenheiros do Burj Khalifa, em Dubai, que é quase três vezes mais alto que o Shard, descobriram que a capacidade das máquinas para bombear concreto verticalmente até o alto daquela torre acabou sendo um sério problema.

Mesmo assim, o método é engenhoso. Essa mecanização do processo de construção é o que faz do concreto um material moderno. Serve para moldar o crescimento rápido das vastas estruturas. As grandes estruturas antigas, como as catedrais de pedra da Europa ou a Grande Muralha da China, levaram décadas para serem construídas. A parte central do Shard, um dos edifícios mais altos da Europa, demorou menos de seis meses. O material permite que você pense grande, que sonhe. Foi ele que permitiu a realização da ambição de engenheiros civis. A Represa Hoover foi construída com concreto armado, assim como o viaduto Millau e a Spaghetti Junction.

Um dia, o Shard parou de crescer, e então depois de uma questão de dias, a parafernália do molde de concreto desapareceu. O que sobrou foi uma torre de concreto com 72 andares: era cinza, crua e rugosa como um recém-nascido. Recomeçou o trabalho na parte de baixo, enquanto a mais nova torre de concreto em Londres balançava tranquilamente com o vento, aparentemente sem

DE QUE SÃO FEITAS AS COISAS

O viaduto Millau, na França, uma das pontes mais bonitas do mundo, é feito de concreto armado.

fazer nada a não ser ficar olhando como caminhavam as formigas humanas em sua base. Mas não estava parado. Dentro do material, as fibrilas de hidrato de silicato de cálcio estavam crescendo, se encaixavam e se uniam com as pedras e o aço. A torre, ao fazer isso, estava ficando mais forte. Apesar de o concreto reagir com a água para endurecer até uma força razoável dentro de vinte e quatro horas, o processo pelo qual essa rocha artificial desenvolve sua arquitetura interna, e assim toda a sua força dura anos. Enquanto eu escrevo isso, o centro do concreto do Shard continua a endurecer e se fortalecer, apesar de ser imperceptível.

Com sua força total, a estrutura de concreto vai aguentar o peso das vinte mil pessoas que vão ocupá-la durante o dia. Vai aguentar o peso de todas as milhares de mesas e cadeiras, todos os móveis e computadores, assim como toneladas e toneladas de água. Vai fazer isso todos os dias, sem nenhuma deformação visível. Os pisos

O Shard durante a construção.

vão continuar rígidos e sólidos. E é capaz de apoiar os ocupantes do edifício e protegê-los dos elementos naturais sem reclamação por milhares de anos. Quer dizer, se o concreto for bem cuidado.

Pois, apesar das impressionantes credenciais do concreto armado como material de construção, ele precisa de cuidado. Na verdade, sua vulnerabilidade tem a mesma origem em sua força: sua estrutura interna.

Em circunstâncias normais, exposto aos elementos, o aço que é usado para o concreto reforçado tem propensão a enferrujar. Quando aquele aço está revestido dentro do concreto, as condições alcalinas criam uma camada do hidróxido de ferro por cima do aço, que age como uma camada protetora. Mas durante a existência de

DE QUE SÃO FEITAS AS COISAS

edifícios, por causa do desgaste natural e a expansão e contração que acontecem durante invernos e verões, pequenas rachaduras vão aparecer no concreto. Essas rachaduras podem permitir que a água que está dentro – água que pode congelar – se expanda e crie uma rachadura mais profunda. Esse tipo de atrito e erosão é o que todos os edifícios de pedra devem aguentar. É também o que as montanhas precisam aguentar, mas é dessa forma que elas erodem. Para evitar que as pedras ou as estruturas de concreto sejam atingidas da mesma forma, seus tecidos precisam passar por manutenção, mais ou menos, a cada cinquenta anos.

Mas o concreto pode sofrer de um tipo mais pernicioso de dano. Isso ocorre quando muita água entra no concreto e começa a corroer o reforço do aço. A ferrugem se expande dentro da estrutura, criando mais rachaduras e todo o esqueleto de aço interno pode ser comprometido. É bastante provável que isso aconteça na presença de água salgada, que destrói a proteção do hidróxido do ferro e enferruja muito o aço. As pontes e estradas de concreto nos países frios, que estão bastante expostas ao sal (que é usado para limpar a neve e o gelo), estão vulneráveis a esse tipo de deterioração crônica. Recentemente, foi visto que o viaduto Hammersmith de Londres estava sofrendo desse tipo de decadência.

Dado que, literalmente, metade das estruturas do mundo são feitas de concreto, a manutenção dessas estruturas representa um esforço enorme e crescente. Para tornar as coisas ainda mais difíceis, muitas delas estão em ambientes que não queremos revisitar regularmente, como a ponte Øresund, que conecta a Suécia com a Dinamarca, ou o centro de uma usina nuclear. Nessas situações, seria ideal encontrar uma forma de permitir que o concreto cuidasse de si mesmo, criar um concreto que se autorrecuperasse. Esse concreto existe agora e, apesar de estar na sua infância, já mostrou que funciona.

A história desse concreto que se autorrecupera tem início quando cientistas começaram a investigar as formas de vida que sobrevivem em condições extremas. Eles encontraram um tipo de bactéria que vive no fundo de lagos altamente alcalinos formados por atividade vulcânica. Esses lagos têm valores de pH entre 9 e 11, o que causa queimaduras na pele humana. Anteriormente pensava-se, e não era absurdo, que não podia existir nenhuma vida nesses lagos sulfúricos. Mas estudos cuidadosos revelaram que a vida é muito mais tenaz do que pensávamos. Foram descobertas bactérias alcalifílicas capazes de sobreviver nessas condições. E foi descoberto que um tipo particular, chamada *B. pasteurii*, poderia excretar a calcita mineral, um constituinte do concreto. Também se descobriu que tais bactérias eram extremamente duras e capazes de sobreviver dormentes, encapsuladas na rocha, por décadas.

O concreto autorrecuperável tem essas bactérias embutidas com uma forma de amido, que atua como comida para elas. Sob circunstâncias normais, essas bactérias continuam dormentes, encapsuladas pelas fibrilas de hidrato de silicato de cálcio. Mas se aparece uma rachadura, as bactérias são liberadas de seus vínculos e, na presença da água, elas acordam e começam a procurar comida. Acham o amido que foi adicionado ao concreto e isso as faz crescer e se reproduzir. No processo, excretam calcita, uma forma de carbonato de cálcio. Essa calcita se liga ao concreto e começa a construir uma estrutura mineral que preenche a rachadura, impedindo seu crescimento e vedando-a.

É o tipo de ideia que poderia parecer boa na teoria, mas nunca funcionaria na prática. Só que funciona! As pesquisas mostram que o concreto rachado preparado dessa forma pode recuperar 90% de sua força graças a essas bactérias. Esse concreto autorrecuperável agora está sendo desenvolvido para uso em estruturas reais de engenharia.

Tecido de concreto.

Outro tipo de concreto com um componente vivo é chamado filtercrete. Este é um concreto que tem uma porosidade bastante particular, que permite que ocorra a colonização natural de bactérias. Os poros no concreto também permitem que a água flua através dele, reduzindo a necessidade de drenagem, pois as bactérias dentro do concreto purificam a água, decompondo óleos e outros contaminantes.

Atualmente, também existe uma versão têxtil de concreto, chamada de tecido de concreto. Esse material vem enrolado e só precisa de água para endurecer na forma que você preferir. Apesar do grande potencial desse material em termos de escultura, talvez sua maior aplicação seja em zonas de desastre, onde barracas feitas *in situ* de rolos de concreto jogados do ar podem criar uma cidade temporária em questão de dias, protegendo da chuva, do vento e do sol por anos, enquanto são realizados os esforços de reconstrução.

O que aconteceu em seguida no Shard, no entanto, não foi nenhuma celebração do potencial do concreto. Em vez disso, os construtores estavam vagarosa, mas sistematicamente, revestindo a parte externa do Shard com aço e vidro para remover todos os traços de seu centro de concreto. A implicação era cruel: eles tinham vergonha do concreto. Não havia lugar para ele na forma como esse edifício iria olhar para o mundo externo ou seus habitantes.

Essa atitude é compartilhada pela maioria das pessoas. O concreto é visto como ótimo para a construção de uma ponte ou para uma represa, mas não parece um bom material para um edifício dentro da cidade. O uso do concreto para expressar a sensação de liberdade, como na construção do Southbank Centre de Londres nos anos 1960, agora é algo impensável.

Os anos 1960 foram dias incríveis para o concreto. Era usado ousadamente para reinventar o centro das cidades, para construir um mundo moderno. Mas, em algum ponto do caminho, essa associação foi perdida e as pessoas decidiram que não era o material para o futuro, afinal. Talvez tenham sido construídos muitos estacionamentos verticais de baixa qualidade, muitas pessoas tenham sido roubadas em passagens subterrâneas de concreto cobertas de grafites ou muitas famílias tenham se sentido desumanizadas ao viverem em torres de concreto. Nos dias de hoje, o concreto é visto como necessário, barato, funcional, cinza, sombrio, manchado, inumano, mas, acima de tudo, feio.

Mas a verdade é que design barato é design barato, não importa o material. O aço pode ser usado em designs bons ou ruins, assim como madeira ou tijolos, mas foi só com o concreto que o epíteto de "feio" pegou. Não há nada intrinsecamente pobre na estética do concreto. Você só precisa olhar para a Opera House de Sydney, cuja famosa concha é feita de concreto, ou o interior do Barbican Centre de Londres, para perceber que o material é capaz – e na verdade torna possível – a maior e mais extraordinária arquitetura. Isso não mudou desde os anos 1960. É o visual do concreto que

Igreja do Jubileu em Roma.

agora parece ser inaceitável, o que significa que o concreto está sempre escondido da visão, fornecendo o centro e a base, mas sem permissão para ser visível.

Muitas novas versões do concreto foram inventadas para refrescar seu apelo estético. O último é o concreto autolimpante, que contém partículas de dióxido de titânio. Elas ficam na superfície, mas são microscópicas e transparentes, então o visual não muda. No entanto, quando absorvem a radiação ultravioleta do sol, as partículas criam íons radicais livres, que quebram qualquer sujeira orgânica que entre em contato com elas. O que sobra pode ser lavado pela chuva ou levado pelo vento. Uma igreja em Roma, chamada Jubileu, foi construída com esse concreto autolimpante.

Na verdade, o dióxido de titânio faz mais do que limpar o concreto: também pode reduzir o nível de óxido de nitrogênio no ar, produzido por carros, como um conversor catalítico. Vários estudos mostraram que isso funciona, e abriram a possibilidade de, no futuro, os prédios e estradas não serem puramente passivos; eles podem purificar o ar assim como as plantas.

Agora que o Shard está completo, todo o concreto está escondido da visão, encapsulado em materiais mais aceitáveis. Mas nosso segredo feio, e o do Shard, é que o concreto está literalmente na base de toda a nossa sociedade: é a base de nossas cidades, nossas estradas, nossas pontes, nossas usinas – é 50% de tudo o que fazemos. Mas como os ossos, preferimos que esteja do lado de dentro; quando aparece do lado de fora, sentimos repulsa. Isso pode não ser uma situação permanente. Talvez seja o fim da segunda onda de entusiasmo pelo concreto. A primeira foi iniciada pelos romanos e terminou por razões misteriosas. O novo concreto que está aparecendo é mais sofisticado e pode ainda reverter nossos gostos outra vez, inflamando uma terceira onda de entusiasmo, agora pelo concreto inteligente com bactérias embutidas que permitam criar uma arquitetura viva, que respira, mudando, assim, nosso relacionamento com esse material fundamental.

4. Delicioso

DE QUE SÃO FEITAS AS COISAS

Pegue um pedaço de chocolate escuro e enfie na boca. Por alguns momentos, você vai sentir seus cantos duros contra seu palato e sua língua, mas vai sentir pouco seu sabor. É quase impossível resistir à vontade de dar uma boa mordida, mas tente não morder, assim vai conseguir experimentar o que acontece: a massa vai se tornando, de repente, mole quando absorve o calor da sua língua. Quando for se tornando líquida, você vai notar que sua língua vai ficando mais fria, e depois uma combinação de sabores doces e amargos invade sua boca. Eles são seguidos por sensações de frutas e de nozes, e finalmente um gosto meio de terra no fundo da sua garganta. Por um momento feliz, você será escravo do material mais delicioso já criado na Terra.

O chocolate foi feito para se transformar em líquido assim que atinge sua boca. Esse truque é a culminação de centenas de anos de esforços culinários, voltados inicialmente para criar uma bebida popular para competir com o chá e o café. Esse esforço foi um fracasso até que os fabricantes de chocolate perceberam que fazer o chocolate quente na boca em vez de em uma panela era muito mais delicioso, muito mais moderno e amplamente apreciado: na verdade, eles criaram uma bebida sólida. A indústria de chocolate nunca se arrependeu. O que tornou isso possível foi a compreensão e o controle dos cristais – especificamente, os cristais de manteiga de cacau.

A manteiga de cacau é uma das melhores gorduras no reino vegetal, lutando bravamente com a manteiga de laticínio e o azeite de oliva pela *pole position*. Em sua forma pura, parece uma manteiga sem sal fina, e é a base não apenas para o chocolate, mas também para cremes e loções faciais de luxo. Não deixe que isso o engane – as gorduras sempre forneceram mais do que apenas comida aos seres humanos, na forma de velas, cremes, óleos, lâmpadas, graxa e sabão. Mas manteiga de cacau é uma gordura especial por várias razões. Para começar, ela derrete à temperatura do corpo, o que significa que pode ser guardada como sólido, mas se torna líquida quando entra em contato com o corpo humano. Isso a torna ideal para loções. Além do mais, contém antioxidantes naturais, que previnem o ranço, então pode ser guardada por anos sem estragar (compare com a manteiga feita de leite, que possui uma vida útil de apenas poucas semanas). Isso é uma boa notícia tanto para fabricantes de cremes faciais como para fabricantes de chocolate.

A gordura de cacau tem outro truque na manga: forma cristais e são esses que dão às barras de chocolate sua força mecânica. O principal componente da manteiga de cacau é uma molécula longa chamada triglicerídio que forma cristais de muitas maneiras, dependendo de como os triglicerídios são unidos. É parecido com enfiar coisas no porta-malas de um carro: há muitas maneiras de fazer, mas algumas ocupam mais espaço que outras. Quanto mais fortemente abarrotados estão os triglicerídios, mais compactos serão os cristais de gordura de cacau. E quanto mais densa a gordura de cacau, maior o ponto de derretimento e mais estável e forte ela será. Essas formas mais densas de cacau também são as mais difíceis de fazer.

Os cristais tipos I e II, como são chamados, são mecanicamente macios e bastante instáveis. Eles vão, se tiverem alguma chance, se transformar nos tipos III e IV, mais densos. Mesmo assim, são úteis para fazer cobertura de chocolate nos sorvetes, porque seu baixo ponto de derretimento a 16 ºC permite que derretam na boca mesmo quando esfriados pelo sorvete.

Os cristais tipos III e IV são macios e quebradiços, e sempre causam "estalo" quando são quebrados. A propriedade mecânica do estalo é importante para os fabricantes porque acrescenta surpresa e drama à nossa experiência com o chocolate. Por exemplo, permite que criem coberturas externas duras dentro das quais podem

O desenho ilustra as diferentes formas como as moléculas de triglicerídios se unem em forma de cristal, cada uma com estrutura e densidade diferentes.

encapsular partes mais macias, fornecendo um contraste de texturas. De uma perspectiva psicofísica, enquanto isso, a fragilidade e o som associado com a quebra do chocolate estão ligados ao frescor, o que novamente aumenta o prazer de comer chocolate com um "estalo". Qualquer um que já tenha aberto uma barra de chocolate esperando que estivesse firme e frágil mas descobriu que estava grudento e derretido sabe como é desapontador perder esse estalo. (E, sejamos justos, chocolate derretido também tem seu espaço...)

Por todos esses motivos, os fabricantes de chocolates tendem a querer evitar os cristais tipos III e IV, mas infelizmente são os mais fáceis de criar: se você derreter um pouco de chocolate e depois deixá-lo esfriar, vai certamente formar esses cristais tipos III e IV – um chocolate que parece macio ao toque, tem um acabamento fosco e derrete facilmente na mão. Esses cristais vão se transformar no tipo V, mais estável, com o tempo, mas para isso vão ejetar um pouco de açúcar e gordura, que vão parecer pó branco na superfície do chocolate – chamado de afloramento ou *fat bloom*.

Chocolate mostrando afloramento de gordura (fat bloom).

O tipo V é um cristal de gordura extremamente denso. Ele dá ao chocolate uma superfície dura e lustrosa com um acabamento próximo ao de um espelho e um "estalo" agradável quando quebrado. Possui um ponto de derretimento mais alto do que outros tipos de cristais, derretendo a 34 °C, e por isso dissolve na sua boca. Por causa desses atributos, o objetivo da maioria dos fabricantes é criar os cristais de manteiga de cacau tipo V. Isso é mais fácil de falar do que de fazer. Eles precisam ser criados por meio de um processo chamado têmpera, no qual "sementes" pré-formadas de cristais tipo V são adicionadas durante o processo final de solidificação. Isso dá aos cristais tipo V, mais lentos, uma vantagem sobre os cristais tipos III e IV, mais rápidos, permitindo que toda a massa líquida se solidifique em uma forma mais densa de estrutura de cristal antes que os cristais tipos III e IV tenham uma chance de se desenvolver.

Quando você coloca chocolate negro puro na sua boca e sente que ele começa a liquefazer, o que está sentindo são os cristais de manteiga de cacau tipo V que estão mantendo o chocolate unido começando a oscilar. Se tiverem sido tratados de forma apropriada, vão ter passado toda a vida em temperaturas abaixo dos 18 °C. Agora, na sua boca, experimentam temperaturas mais altas pela primeira vez. Esse é o momento para o qual foram criados. É sua primeira e última performance. Enquanto vão se esquentando e chegando ao limite de 34 °C, começam a derreter.

Essa mudança de sólido para líquido – chamada transformação de estado – exige energia para romper as ligações atômicas que estão mantendo unidas as moléculas de um cristal, liberando-as, assim, para se moverem como líquido. Dessa maneira, quando o chocolate alcança seu ponto de derretimento, ele tira essa energia extra necessária do seu corpo na forma do calor latente, como é chamado, da sua língua. Você sente isso como um agradável efeito de esfriamento, quase parecido com chupar uma bala de menta. É o mesmo efeito de esfriamento produzido quando você sua, mas em vez de um sólido se tornar líquido, um líquido (seu suor) muda de estado para um gás, absorvendo o calor latente necessário para fazer isso da sua pele. Plantas usam o mesmo processo para esfriar.

No caso dos cristais de cacau, o esfriamento do derretimento do chocolate é acompanhado pela súbita produção de um grosso líquido quente na boca, e é esta forte combinação de impressões a responsável pela sensação única do chocolate na boca – é o começo da experiência do chocolate quente.

O que acontece em seguida é que os ingredientes do chocolate, antes unidos pela rígida matriz de manteiga de cacau, estão livres para fluir até suas papilas gustativas. Os grãos do cacau, que antes estavam encapsulados na manteiga de cacau sólida, agora são liberados. O chocolate negro normalmente contém 50% de gordura de cacau e 20% de pó da fruta (chamada de "70% de sólidos de cacau" na embalagem). Quase todo o resto é açúcar. Trinta por cento de açúcar é muita coisa. É o equivalente a colocar uma colher cheia de açúcar na sua boca. Mesmo assim, o chocolate escuro não é totalmente doce; às vezes não é nada doce. Isso porque, ao mesmo tempo em que os açúcares são liberados pela manteiga de cacau derretida, são liberados os elementos químicos conhecidos como alcaloides e fenólicos do cacau em pó. Há moléculas como cafeína e teobromina, que são extremamente amargas e adstringentes e que ativam os receptores de gostos amargos e ácidos, complementando a doçura do açúcar. Equilibrar esses gostos básicos para dar ao chocolate um sabor redondo é a primeira tarefa do fabricante. A adição de sal para aumentar o sabor, assim como acrescentar outra dimensão aos chocolates modernos, fez do chocolate um ingrediente em pratos salgados: é a base do prato mexicano *pollo con mole,* que é frango cozido em chocolate negro.

No entanto, o chocolate cozido tem um gosto diferente do chocolate comido de outro modo. Apesar de o gosto básico ser gerado na língua pelas papilas gustativas – que distinguem entre amargo, doce, salgado, ácido e umami (substancial ou saboroso) –, a maioria dos sabores é experimentado por meio do cheiro. É o cheiro do chocolate de dentro de sua própria boca que é responsável por seu gosto complexo. Quando você cozinha o chocolate, muitas de suas moléculas de sabor evaporam ou são destruídas pelo cozimento. Esse é um problema não apenas para o chocolate quente, mas também para café e chá. É por isso que você precisa bebê-los poucos minutos depois de fermentados, ou o sabor desaparece no ar. Também é por isso que você perde muito do sentido de gosto quando está resfriado – porque os receptores do cheiro no nariz estão cobertos de muco. A genialidade de criar chocolate quente na boca é que a manteiga de cacau encapsula as moléculas de sabor até o momento que você come, e somente então é liberado o coquetel de mais de seiscentas moléculas exóticas na sua boca e no seu nariz.

Alguns dos primeiros sabores detectados por seu nariz são os de fruta que pertencem à família de moléculas éster. Essas moléculas são responsáveis pelo cheiro maduro de cerveja, vinho e, mais obviamente, frutas. Mas esses ésteres não estão presentes na fruta do cacau. Sei disso porque já comi cacau e tem um gosto horrível: é cheio de fibras, gosto de madeira, amargo e insosso; não tem gosto de frutas, nada a ver com o gosto de chocolate e certamente não há nenhum motivo para experimentar de novo. É preciso bastante engenhosidade para transformar esses frutos exóticos, mas com gosto horrível, em chocolate. Tanto que, na verdade, dá para imaginar como o chocolate foi inventado.

As árvores de cacau crescem no clima tropical e produzem frutas no formato de compridas vagens de cacau carnudo. Eles parecem algum tipo de laranja selvagem e coriácea ou melão roxo. As vagens crescem diretamente do tronco da árvore, e não nos galhos – fazendo com que pareçam estranhamente pouco desenvolvidas e pré-históricas. Dá para imaginar dinossauros tentando comê-las (e cuspindo).

Dentro de cada vagem há entre trinta e quarenta sementes macias, brancas, em formato de almôndegas gordurosas do tamanho de pequenas ameixas. No meu primeiro encontro com esses frutos de cacau, eu enfiei um na boca e mastiguei com vontade. E cuspi assim que senti o gosto. Fiquei perguntando se era realmente cacau, e me disseram que era. "Mas não tem gosto de chocolate", reclamei, pingando de suor. Eu estava, na época, ajudando a colher frutos de cacau em uma plantação hondurenha enquanto era atacado por mosquitos. Apesar do desapontamento e do desconforto, percebi que estava sendo petulante e que deveria parecer um dos ganhadores do convite dourado no livro *A*

Uma árvore de cacau com vagens de cacau.

Fantástica Fábrica de Chocolate, de Roald Dahl. O cenário, também, era tão exótico que parecia uma ficção: as pequenas árvores de cacau torcidas estavam crescendo à sombra de bananeiras e coqueiros cheios de frutas, cujas folhas filtravam o sol brilhante através de milhares de sombras verdes. O que aconteceu em seguida saiu direto da fábrica de Willy Wonka: nós cortamos os frutos de cacau usando machetes e depois os depositamos no chão, onde os deixamos apodrecer.

Descobri mais tarde que esse processo não é um costume excêntrico dos fazendeiros hondurenhos; assim é feito o chocolate.

Nas duas semanas seguintes, o monte de frutos começou a se decompor e fermentar, e no processo eles se aqueceram. Isso serve ao propósito de "matar" as sementes de cacau, já que as impede de germinar nas plantas. O mais importante, no entanto, é que transforma quimicamente os ingredientes do fruto do cacau nos precursores dos sabores de chocolate. Se esse passo não aconteceu, não importa o que você fizer, não vai conseguir nada nem remotamente parecido com o chocolate.

É durante a fermentação que as moléculas éster de frutas são criadas, o resultado de uma reação entre os álcoois e os ácidos que são criados por enzimas agindo dentro dos frutos do cacau. Assim como todas as reações químicas, há um grande número de diferentes variáveis que afetam esse resultado: a razão dos ingredientes, a temperatura ao redor, a disponibilidade de oxigênio e muitos outros. Isso significa que o gosto do chocolate é altamente dependente não apenas da maturidade e das espécies do fruto de cacau, mas também do tamanho das pilhas de frutos podres, de quanto tempo são deixados para apodrecer e de como está o clima.

Se tudo isso faz você se perguntar por que os fabricantes de chocolate raramente falam sobre essas sutilezas, é porque são segredo. Em razão disso, o cacau parece ser como outras *commodities*: um ingrediente básico, como açúcar, que é comprado e vendido em mercados mundiais, alimentando uma indústria bilionária em produtos comestíveis. Mas o que se fala muito menos é que, assim como o café e o chá, diferentes variedades de frutos e diferentes técnicas de preparação criam gostos muito diferentes. Uma compreensão detalhada dos dois é exigida para comprar os frutos corretos e, quando se trata de criar os melhores chocolates, esse conhecimento é guardado a sete chaves. Controlar a qualidade também significa levar em conta a variabilidade do clima tropical e o influxo esporádico da doença. No final, produzir chocolate de qualidade exige muito cuidado e atenção, por isso um bom chocolate escuro é caro.

O que você consegue pelo seu dinheiro, no entanto, não são apenas os delicados sabores de frutas dos ésteres fermentados, mas um conjunto de sabores da terra, de nozes, quase carnudos. São produzidos no processo que acontece depois da fermentação, quando os frutos foram secos e torrados. Assim como o café, torrar faz de cada fruto uma minifábrica química, na qual um novo conjunto de reações acontece. Primeiro, os carboidratos dentro dos frutos, que são principalmente açúcar e moléculas de amido, começam a se separar por causa do calor. Essa é, essencialmente, a mesma coisa que acontece se você aquecer o açúcar em uma panela: ele carameliza. Só que nesse caso a reação de caramelizar acontece dentro do fruto de cacau, transformando-o de branco em marrom, criando uma incrível amplitude de moléculas de sabor de caramelo.

A razão pela qual qualquer molécula de açúcar – seja no fruto de cacau, uma panela ou outro lugar – se torna marrom quando aquecida tem a ver com a presença do carbono. Açúcares são carboidratos, isto é, são feitos de átomos de carbono ("carbo-"), hidrogênio ("hidr-") e oxigênio ("-ato"). Quando aquecidas, essas longas moléculas se desintegram em unidades menores, algumas das quais são tão pequenas que evaporam (as responsáveis pelo cheiro gostoso). As moléculas ricas em carbono, que são maiores, são deixadas para trás, mas dentro delas há uma estrutura chamada ligação dupla carbono-carbono. Essa estrutura química absorve a luz. Em pequenas quantidades, dá ao açúcar caramelizado uma cor amarelo-amarronzada. Continuar torrando vai transformar um pouco do açúcar em carbono puro (ligações duplas por todos os lados), que cria um sabor queimado e uma cor marrom escura. Torrar completamente leva ao carvão vegetal: todo o açúcar se torna carbono, que é negro.

Outro tipo de reação, que ocorre a uma temperatura mais alta, também contribui para a cor e o sabor do cacau: a reação Maillard. É quando o açúcar reage à proteína. Se os carboidratos são o combustível do mundo celular, as proteínas são as oficinas: as moléculas estruturais que constroem células e todo o seu funcionamento interno. Sementes (na forma de frutos ou nozes) devem conter todas as proteínas necessárias à máquina celular de uma planta, então há muita proteína nos frutos de cacau. Quando sujeitados a temperaturas de 160 °C ou superiores, essas proteínas e esses carboidratos começam a passar por reações Maillard, reagindo com os ácidos e ésteres (produzidos pelos processos de fermentação anteriores) e resultando em uma grande quantidade de moléculas menores de sabor. Não é exagero dizer que sem a reação Maillard o mundo seria muito menos delicioso: é a reação Maillard a responsável pelo sabor da casca do pão, dos vegetais torrados e de muitas outras coisas apetitosas. Nesse caso, a reação Maillard é responsável pelos sabores de nozes, suculentos do chocolate, enquanto também reduz um pouco a adstringência e o gosto amargo.

Depois de pulverizar os frutos de cacau fermentados e torrados e colocá-los na água quente, você conhece o original *chocolatl* quente feito pelos mesoamericanos. Os olmecas e depois os maias, que primeiro cultivaram cacau, bebiam dessa forma, e ela era reverenciada como uma bebida cerimonial e um afrodisíaco por centenas de anos. Os frutos de cacau eram até usados como moeda. Quando os exploradores europeus conheceram a bebida, no século XVII, exportaram para as casas de café, onde competia com chá e café como a bebida preferida dos europeus – e perdeu. O que ninguém realmente mencionou era que *chocolatl* significa "água amarga", e apesar de ser adocicada com a nova onda de açúcar barato que vinha das plantações com o uso de escravos da África e da América do Sul, era também uma bebida farinhenta, oleosa e pesada, pois a gordura forma 50% dos frutos de cacau.

Assim permaneceria por outros duzentos anos: uma bebida exótica, notável, mas não terrivelmente popular.

Com a invenção de alguns poucos processos industriais, no entanto, a sorte do chocolate mudou de repente. A primeira foi a prensa mecânica, inventada por uma empresa de chocolate holandesa chamada Van Houten, em 1828. Romper os frutos torrados e fermentados com essa prensa forçava a manteiga de cacau a fluir e permitia que Van Houten a separasse dos sólidos de cacau remanescentes. Agora, livre de sua gordura, o cacau podia ser transformado em um pó muito mais fino e perdia sua secura, tornando-se macio, brilhante e aveludado. Foi dessa forma que o cacau se tornou popular – e sobrevive até hoje – como chocolate para beber.

Então aconteceu um momento de genialidade intuitiva: tendo removido e purificado a gordura de cacau, e pulverizado o pó de cacau separadamente, por que não misturá-los de novo, acrescentar algum açúcar, criar um fruto de cacau ideal – o tipo de fruto que você gostaria de tirar de uma árvore, o tipo de fruto com a combinação exata de açúcar, sabor de chocolate e gordura que existiria no mundo de Willy Wonka?

Muitos fabricantes na Bélgica, na Holanda e na Suíça experimentaram isso, mas foi uma empresa inglesa, chamada Fry and Sons, que ficou famosa por produzir esses nódulos de "chocolate comestível" e, ao fazer isso, criou as primeiras barras de chocolate. Quando a manteiga de cacau purificada derretia na boca, liberava o pó de cacau, produzindo chocolate quente instantâneo – uma sensação que era completamente única. Como o conteúdo de gordura de cacau poderia ser controlado separadamente do pó de cacau e do açúcar, agora era possível criar diferentes sensações na boca para agradar a diversos gostos. E, em uma época anterior às geladeiras, as propriedades antioxidantes da manteiga de cacau significavam que o chocolate feito dessa forma tinha

Um anúncio do chocolate Fry's, 1902.

uma vida útil longa o suficiente para ser um produto comercial. Nascia a indústria do chocolate.

Para alguns, mesmo com a adição de 30% de açúcar, essa forma de chocolate ainda era muito amarga, e assim foi acrescentado outro ingrediente, que afetou profundamente seu gosto: leite. Isso reduziu a adstringência do chocolate de forma considerável, dando ao cacau um sabor mais brando – resultando em um chocolate também mais doce. Os suíços foram os primeiros a fazer isso no século XIX, acrescentando muito leite em pó produzido pela iniciante empresa Nestlé, que transformava o leite de um produto local e fresco com uma vida curta em uma *commodity* transportável com vida longa. A mistura dos dois produtos comerciais, ambos com vida útil longa, foi um sucesso enorme.

Hoje em dia, o tipo de leite acrescentado ao chocolate varia muito no mundo, e essa é a principal razão pela qual o chocolate ao leite tem gostos diferentes de um país para o outro. Nos EUA, o leite usado tem uma parte da gordura removida pelas enzimas, dando ao chocolate um sabor semelhante ao queijo, quase rançoso. No Reino Unido, é adicionado açúcar ao leite líquido, e é essa solução, reduzida a um concentrado, que é adicionada ao chocolate, criando um sabor mais leve de caramelo. Na Europa, ainda é usado leite em pó, dando ao chocolate um sabor de laticínio fresco, com uma textura de pó. Esses sabores diferentes não viajam bem. Apesar da globalização, o gosto preferido do chocolate ao leite, quando adquirido, continua surpreendentemente regional.

Uma coisa que todo chocolate ao leite tem em comum, no entanto, é que quase todo o conteúdo da água do leite foi removido antes de acrescentá-lo ao chocolate. Isso porque o chocolate em pó é hidrofílico (adora água): se tiver a chance, vai absorver água, mas ao fazer isso vai ejetar sua camada de gordura (água e gordura não se dissolvem entre si) no processo, decompondo um líquido encaroçado como o *chocolatl* maia. Qualquer um que já tenha tentado acrescentar água ao chocolate derretido para criar um molho já passou por esse problema.

Há muitas pessoas, inclusive eu mesmo, que são viciadas em chocolate, e a razão pode não ser apenas seu gosto. Ele também contém ingredientes psicoativos. O mais comum é a cafeína, que está presente em pequenas proporções no fruto do cacau e termina no chocolate por meio do pó de cacau. O outro ingrediente psicoativo é a teobromina, que é um estimulante e antioxidante, como a cafeína, mas também é muito tóxico aos cães. Muitos cães morrem todo ano por comer chocolate, principalmente perto da Páscoa e do Natal. O efeito da teobromina sobre os humanos parece ser muito mais leve e os níveis estimulantes no chocolate são pequenos

DE QUE SÃO FEITAS AS COISAS

quando comparados com café e chá. Assim, mesmo se você comer uma dúzia de barras de chocolate por dia, é apenas o equivalente a beber uma ou duas xícaras de café forte. O chocolate também contém canabinoides, que são os químicos responsáveis pela experiência de fumar maconha. Novamente, as porcentagens são pequenas e, quando testes cegos foram realizados para analisar o desejo por chocolate, pesquisadores encontraram poucas evidências de que algum desses químicos estivesse conectado às sensações de desejo.

Isso deixa outra possibilidade para explicar o vício em chocolate. Em vez de ser um efeito químico, pode ser que a experiência sensorial de comer chocolate seja, em si, viciante. O chocolate é diferente de todas as outras comidas. Quando o chocolate derrete na boca, libera, de repente, um coquetel de sabores selvagens e complexos, doces e amargos dentro de um líquido quente e rico. Não é apenas um sabor, mas uma completa experiência oral. É tranquilizante e confortador, mas também é excitante e parece satisfazer mais do que a fome física.

Alguns dizem que comer chocolate é melhor do que beijar, e cientistas testaram essa hipótese realizando uma série de experimentos. Em 2007, uma equipe liderada pelo Dr. David Lewis recrutou casais apaixonados, cuja atividade cerebral e batida do coração foram monitorados primeiro enquanto se beijavam e depois enquanto comiam chocolate (separadamente). Os pesquisadores descobriram que, apesar de o beijo aumentar a batida do coração, o efeito não durava tanto comparado a quando os participantes comiam chocolate. O estudo também mostrou que, quando o chocolate começava a derreter, todas as regiões do cérebro recebiam um estímulo muito mais intenso e com duração maior do que a atividade cerebral medida enquanto se beijavam.

Apesar de ser apenas um estudo, ele dá credibilidade à hipótese de que, para muitos, a experiência sensorial de comer chocolate é melhor do que beijar. Essa associação de chocolate com prazer sensorial extremo foi fortemente divulgada pelos fabricantes de chocolate, mais notavelmente, talvez, nos anúncios de TV das barras de chocolate Flake, da empresa Cadbury, que foram transmitidos por muito tempo.

O primeiro anúncio da Flake que vi apresentava uma mulher se divertindo muito numa banheira. Eu era jovem na época, e banheiras não pareciam combinar com o tipo de deleite que essa mulher estava experimentando. Para mim, banhos eram funcionais e normalmente frios, já que meus três irmãos mais velhos tinham usado toda a água quente antes de mim. Isso era nos anos 70, a energia era cara, e havia pouca água quente na nossa casa. Os banhos só eram divertidos quando me deixavam levar meus barquinhos comigo. A mulher na TV não tinha nenhum tipo de brinquedo, estava equipada meramente com uma barra de chocolate Flake. Sempre que ela colocava um pouco do chocolate na boca, ondas de alegria pareciam possuí-la, dando-lhe o que parecia ser o mais puro tipo de prazer. Percebi que nunca tinha experimentado esse tipo de sensação, menos ainda durante o banho. O anúncio teve um forte impacto em mim e nos meus irmãos, e tentamos convencer nossa mãe a permitir que comêssemos chocolate em nossos banhos frios, mas não conseguimos. Em vez disso, ela nos proibiu de ver os anúncios, uma ordem impossível, porque não tínhamos TV e só víamos a "senhora do Flake" quando estávamos nas casas dos amigos. Foi só muito mais tarde que percebi que não era do chocolate no banheiro que ela estava tentando nos proteger.

Esses anúncios, que começaram no final dos anos 50 e continuam até hoje, sempre apresentam uma mulher relaxando sozinha enquanto se permite o prazer secreto de comer um Flake. O formato e o tamanho desse chocolate semelhante a uma vara e a maneira sugestiva com que a mulher se deleitava com ele foram suficientes

A atriz Donna Evans em um anúncio do Flake nos anos 1960.

para enviar ondas de ultraje e alarme aos telespectadores, mesmo sem os anúncios terem mostrado nenhuma nudez (somente insinuavam). Era, afinal, um exercício totalmente sugestivo. Na verdade, uma busca no YouTube, em que aparecem os anúncios originais, mostra que as primeiras versões eram muito mais sugestivas que as mais recentes. Mesmo com os pedidos de censura desses anúncios sendo bem-sucedidos, sua mensagem essencial continuou, e isso pareceu ecoar com o público, até apontando a uma verdade genuína sobre o chocolate: para muitos, é melhor que sexo.

Na lista de países com o mais alto índice de consumo de chocolate, a Suíça vem em primeiro, seguida por Áustria, Irlanda, Alemanha e Noruega. Na verdade, dezesseis dos vinte países com mais alto índice de consumo de chocolate estão no norte da Europa. (Nos Estados Unidos, o chocolate é mais popular como um sabor do que como uma barra, com mais da metade da população falando que prefere bebidas, bolos e biscoitos de chocolate a de qualquer outro sabor.) Com a reputação do chocolate como substituto do sexo, é tentador tirar várias conclusões culturais dessa correlação. Mas há outra possível explicação para o alto consumo de chocolate nesses países, também associada à temperatura.

Para se transformar de sólido em líquido facilmente dentro da boca, o chocolate exige um ambiente razoavelmente frio. Em um clima que é quente, o chocolate vai derreter na prateleira, ou será preciso colocá-lo na geladeira, o que vai contra todo o objetivo – chocolate frio é engolido antes de ter a chance de derreter. (Esse problema pode explicar, talvez, por que os mesoamericanos, que primeiro inventaram o chocolate nos trópicos, nunca criaram uma barra sólida, só consumiram como bebida.) Além do mais, se o chocolate sólido for exposto a temperaturas acima dos 20 ºC, como resultado de ser deixado no sol ou em um carro quente, passa por mudanças fundamentais de estrutura. As mudanças podem ser vistas imediatamente porque resultam em "afloramento": gorduras e açúcares migram para a superfície do chocolate e formam um pó cristalino esbranquiçado, geralmente com um padrão de margem de rio.

Assim como o prazer puro, o alto conteúdo de açúcar e os evidentes efeitos estimulantes da cafeína e da teobromina no chocolate criaram outro papel para ele, encapsulado no slogan "Um Mars por dia vai te ajudar a trabalhar, descansar e se divertir", ou seu equivalente em francês: *Un coup de barre? Mars et ça repart!* (Sentindo-se cansado? Um Mars e você volta a estar de pé!"); ou o alemão: *Nimm Mars, gib Gas* ("Coma um Mars e pise no acelerador"). Como uma barra de chocolate média contém mais de 50% de açúcar e 30% de gordura, ela oferece claramente uma fonte concentrada de energia e força instantânea. Pelas mesmas razões, no entanto, as dietas ricas em chocolate não são muito saudáveis.

A primeira coisa a notar é que a manteiga de cacau é uma gordura saturada, um tipo de gordura associada ao aumento do risco de doenças coronárias. Mais investigações de como o corpo digere essa gordura mostraram, no entanto, que ele tende a converter essa gordura em não saturada, que é vista como benigna. Enquanto isso, as partículas de cacau contêm uma grande quantidade de antioxidantes, e ninguém realmente sabe o que eles fazem no corpo. No entanto, estudos controlados pela Universidade de Harvard mostraram que o consumo regular de uma pequena quantidade de chocolate escuro leva ao aumento na expectativa de vida (em comparação com nenhum chocolate). Ninguém sabe por quê, e mais estudos estão sendo feitos. Claro, se o desejo por chocolate se torna muito forte, qualquer benefício será obscurecido pelo ganho de peso. No momento, o julgamento ainda está em andamento, mas, deixando de lado o excesso de consumo, o chocolate não é mais visto como vilão para nossa saúde, e talvez até seja benéfico.

Por todos esses motivos, apesar de estarmos longe de ver médicos prescrevendo chocolate ou de ele ser parte da dieta de estudantes, o chocolate é um item importante nas rações militares padronizadas de muitos países: fornece uma explosão de energia pelo açúcar, cafeína e teobromina, boas para o estímulo cerebral, e gordura para reabastecer o que foi perdido durante exercícios extremos, além de possuir uma vida útil de vários anos. Finalmente, mas de modo controverso, também pode prevenir sensações de frustração sexual.

Pessoalmente, eu como chocolate obsessivamente toda tarde e noite. Pode ser pela lavagem cerebral que recebi assistindo a comerciais da Flake ou um vício psicofísico ou repressão sexual por uma infância na Europa do Norte, não tenho certeza. Prefiro pensar que é porque realmente aprecio como o chocolate é uma de nossas maiores criações. Certamente não é menos notável e tecnicamente sofisticado que o concreto ou o aço. Apesar da incrível engenhosidade, encontramos uma forma de transformar um fruto da floresta tropical pouco promissor que tem um gosto horrível em um sólido frio, escuro e frágil, criado com um único objetivo: derreter na sua boca, encher seus sentidos com sabores quentes, cheirosos e agridoces, e incendiar os centros de prazer do cérebro. Apesar de nossa compreensão científica, palavras ou fórmulas não são suficientes para descrevê-lo. É o mais próximo que conseguimos, eu diria, de um poema físico, tão complexo e lindo quanto um soneto. E é por isso que o nome grego antigo para essa coisa, *theobroma,* é tão apropriado. Significa "a comida dos deuses".

5. Maravilhoso

DE QUE SÃO FEITAS AS COISAS

Um dia, em 1998, entrei no laboratório bem quando um dos técnicos estava tirando uma peça de material do microscópio. "Não tenho certeza se você pode ver isso", ele falou, "então é melhor não arriscar, ou vou ter que preencher um monte de papelada." Ele rapidamente cobriu o material.

Na época, eu estava trabalhando para o governo dos EUA em um laboratório de armas nucleares no deserto do Novo México. Como era cidadão britânico, só tinha autorização básica de segurança; então havia áreas no complexo do laboratório aonde eu não podia ir. A maioria das áreas, na verdade. Mas era nosso laboratório, então o comportamento dos técnicos era definitivamente estranho. Eu sabia que era melhor não perguntar nada. Era o final dos anos 90, uma época em que a espionagem chinesa nos laboratórios nacionais dos EUA era uma questão muito importante. O cientista norte-americano Wen Ho Lee tinha acabado de ser pego, acusado e colocado em solitária por acusações de roubar segredos nucleares para a China.* Eu era questionado regularmente sobre questões de segurança acerca do meu trabalho e meus colegas norte-americanos sofriam forte pressão para informar qualquer conversa que saísse do comum. Para um britânico como eu, com uma mente inquisidora e que gostava de fazer piadas, era arriscado fazer perguntas desnecessárias. O material, no entanto, era extraordinário, e mesmo tendo visto só um pequeno fragmento por um mero segundo, descobri que era impossível esquecê-lo.

Nossa equipe de pesquisas sempre saía para almoçar junta nas várias lanchonetes perto do complexo. Isso significava deixar a segurança do ar condicionado de nossos prédios e sair no brilhante deserto para pegar nossos carros no asfalto do estaciona-

---

* Ele acabou sendo acusado apenas de manejo impróprio de dados seguros, e se declarou culpado. O juiz terminou pedindo desculpas pelo confinamento em solitária.

mento tomado pelo sol. No caminho, passávamos por altas cercas de arame farpado, cuja areia laranja pontuada por cactos levava a uma base da Força Aérea. O lugar era irreal de muitas formas, mas piorava pelo contraste com nossas rotinas mundanas. Dirigir pelo deserto, em um comboio de carros aquecidos até o ponto de ferverem pelo sol imperturbável, até as lanchonetes servindo comida Tex-Mex era uma dessas rotinas. Todos os dias conversávamos sobre nada em especial, com o calor impedindo a conversa. Todos os dias, o pensamento do misterioso material surgia na minha cabeça e eu me perguntava o que poderia ser. O fato de não poder falar com ninguém sobre aquilo fazia com que fosse ainda mais difícil esquecê-lo.

Eu lembrava que era transparente, mas estranhamente opalino – como um holograma de uma joia: um material fantasma. Definitivamente, nunca tinha visto nada parecido antes. Teria, eu especulava, sido tirado de alguma espaçonave alienígena? Depois de um tempo, comecei a duvidar se realmente tinha visto aquilo. Então comecei a ficar paranoico que poderiam estar tentando fazer uma lavagem cerebral em mim achando que tudo era imaginação. "Eu realmente vi", ficava repetindo enquanto ia e voltava da lanchonete todo dia. Sentia como se aquilo fosse minha propriedade. Finalmente, fiquei preocupado se a coisa estava sendo bem tratada. Foi quando decidi que precisava ir embora.

Só voltei a vê-lo alguns anos depois. Estava de volta ao Reino Unido, tinha aceitado um emprego como chefe do grupo de Pesquisa de Material no King's College de Londres. Certa tarde, estava em casa criando um cartão de aniversário para meu irmão Dan, quando anunciaram no noticiário da TV que, em 2 de janeiro de 2004, a missão da NASA para capturar pó de estrelas tinha conseguido entrar em contato com o cometa Wild 2. O noticiário mostrou, então, uma foto do *meu material*. Bom, obviamente não era

DE QUE SÃO FEITAS AS COISAS

meu material, mas o material que tanto quis que fosse meu. "Então era mesmo alienígena!", falei triunfante para meu apartamento vazio, enquanto corria para meu computador para descobrir mais. "Estão colhendo do espaço", pensei. Errado.

O material acabou sendo uma substância conhecida como aerogel. Tinha visto o noticiário pelo lado errado: era o aerogel que estava sendo usado para coletar o pó das estrelas. Não parei para pensar nisso, mas continuei pesquisando, coletando informação sobre o aerogel e sua história. O aerogel não tem origem alienígena, descobri, mas mesmo assim possui uma história bastante estranha: foi inventado nos anos 30 por um homem chamado Samuel Kistler, um fazendeiro norte-americano transformado em químico, que criou a coisa somente para satisfazer sua curiosidade sobre gelatina. Gelatina?

O que era gelatina? Ele perguntou. Sabia que não era um líquido, mas tampouco era um sólido. Era, ele decidiu, um líquido dentro de uma prisão sólida, mas nas quais as barras eram como uma rede muito fina. No caso da gelatina comestível, a rede é feita de longas moléculas de gelatina, que se derivam do colágeno, a proteína que cria a maioria dos tecidos conectivos, como tendões, pele e cartilagens. Quando adicionadas à água, essas moléculas de gelatina se desembaraçam e se conectam umas com as outras para formar uma rede que prende o líquido dentro dela e evita que ele flua. Assim, a gelatina é basicamente um balão de água, mas em vez de ser uma pele externa que segura a água dentro, há a água dentro de si.

A água é mantida dentro da rede por uma força conhecida como tensão de superfície – a mesma força que faz com que a água seja sentida molhada e forme gotas, e faz com que se grude às coisas. As forças de tensão da superfície dentro da rede são fortes o suficiente para que a água seja incapaz de escapar da gelatina, mas fracas o suficiente para esguichar pelos lados – é por isso que a gelatina balança. Também é por isso que a gelatina parece tão incrível quando você come: é quase 100% água e, com um ponto de derretimento de 35 ºC, a rede interna da gelatina derrete rapidamente, liberando a água para explodir em sua boca.

A explicação simples – um líquido preso por uma sólida rede interna – não foi suficiente para Samuel Kistler. Ele queria saber se a rede invisível da gelatina era uma única peça. Em outras palavras, se era um esqueleto interno coerente e independente, de forma que, se você conseguisse encontrar uma forma de remover todo o líquido dele, a rede poderia aguentar sozinha.

Para responder à pergunta, ele realizou uma série de experiências, cujos resultados publicou em uma carta na revista científica *Nature,* em 1931 (n. 3211, v. 127, p. 741). A carta recebeu o título "Aerogéis e Gelatinas Expandidos de Forma Coerente", e foi assim que Kistler começou o relatório:

"A continuidade do líquido que permeia as gelatinas é demonstrada por difusão, sinérese e ultrafiltração, e o fato de que o líquido pode ser substituído por outros líquidos de caráter muito diversificado indica claramente que a estrutura do gel pode ser independente do líquido em que ele é banhado."

O que ele está dizendo nesse parágrafo de abertura é que vários experimentos mostraram que o líquido em uma gelatina está totalmente conectado, em vez de estar compartimentado, e pode ser substituído por outros líquidos. Isso demonstra, na opinião dele, que o esqueleto sólido interno pode ser, na verdade, independente do líquido na gelatina. E ao usar a palavra "gel", como uma palavra mais geral para gelatina, ele está dizendo que isso é verdade para todos os materiais parecidos com gelatina que preenchem a divisão entre serem realmente sólidos e realmente líquidos, do gel de cabelo ao caldo de galinha sólido, ao cimento (no qual a rede interna é formada por fibrilas de silicato de cálcio).

Ele continua e afirma que ninguém ainda tinha conseguido separar o líquido de uma gelatina de seu esqueleto interno: "Até aqui, a tentativa de remover o líquido por evaporação levou a um encolhimento tão grande que o efeito sobre a estrutura pode ser profundo". Em outras palavras, os que tentaram, no passado, remover o líquido por evaporação descobriram que o esqueleto interno simplesmente colapsa. Continuando, fala triunfante que ele e seus colaboradores descobriram uma forma de fazer isso:

"O Sr. Charles Learned e eu, com assistência e aconselhamento do Prof. J. W. McBain, conseguimos testar a hipótese de que o líquido em uma gelatina pode ser substituído por um gás com pouco ou nenhum encolhimento. Nossos esforços tiveram completo sucesso."

A boa ideia deles foi substituir o líquido por um gás enquanto ainda estava dentro da gelatina, usando a pressão do gás para evitar que o esqueleto colapsasse. Antes, no entanto, eles encontraram uma forma de substituir a água na gelatina por um líquido solvente (usaram álcool), que seria mais fácil de manipular. O perigo de usar um solvente líquido era que ele também iria evaporar, mas foi encontrada uma forma de impedir isso:

"A mera evaporação iria, inevitavelmente, causar o encolhimento. No entanto, a gelatina é colocada em um autoclave fechado com excesso de líquido e a temperatura é elevada acima da temperatura crítica do líquido, enquanto a pressão é mantida o tempo todo dentro ou acima da pressão do vapor, assim não pode ocorrer nenhuma evaporação do líquido e, consequentemente, nenhuma contração do gel pode ser causada pelas forças capilares em sua superfície."

Um autoclave é simplesmente um tanque de pressão que pode ser aquecido. Ao aumentar a pressão no autoclave, o líquido dentro da geleia não pode evaporar, mesmo quando a temperatura aumenta além do ponto de ebulição. As forças capilares que ele cita, enquanto isso, são causadas pela tensão na superfície do líquido. Kistler especula que, quando o líquido é gradualmente removido por meio da evaporação, essas mesmas forças que mantêm a geleia unida são responsáveis por destruí-la. Mas quando ele aumenta a temperatura de toda a geleia acima da "temperatura crítica" – o ponto no qual não há diferença entre um gás e um líquido, porque os dois têm a mesma densidade e estrutura – todo o líquido se torna um gás sem passar pelo destrutivo processo de evaporação. Ele afirma:

"Quando a temperatura crítica é ultrapassada, o líquido foi convertido diretamente em um gás permanente sem descontinuidade. A geleia não teve forma de 'saber' que o líquido dentro de suas redes se tornou um gás."

Isso foi um golpe de gênio: sob a pressão do autoclave, o gás recém-criado não pode escapar da geleia, e assim o esqueleto interno fica intacto.

"Tudo que precisamos fazer é permitir que o gás escape e deixe para trás um aerogel coerente, sem mudança no volume."

Só agora ele deixa o gás escapar lentamente, permitindo que o esqueleto interno da geleia fique completamente intacto e funcionando mecanicamente, provando, sua hipótese. Deve ter sido um momento muito satisfatório, mas ele não parou aí. Esses esqueletos internos de geleia eram coisas incrivelmente leves e frágeis, formadas principalmente de ar. Eram, na verdade, espuma. Talvez ele pudesse torná-las mais fortes, pensou, ao criá-las não a partir da gelatina, mas de algo mais rígido. Foi então que criou uma gelatina na qual o esqueleto interno era feito de dióxido de silício mineral: o principal constituinte do vidro. Usando exatamente o mesmo processo descrito acima, ele criou, a partir dessa gelatina, um "aerogel de sílica": o sólido mais leve do mundo. Esse era o material que eu

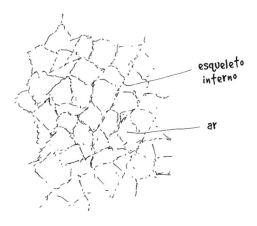

O esqueleto interno de uma gelatina.

tinha visto por um segundo há tantos anos em um laboratório no deserto.

Não contente com essa conquista, Kistler fez outros aerogéis, e lista todos no relatório.

"Até agora, preparamos aerogéis de sílica, alumínio, tartrato de níquel, óxido estânico, óxido de tungstênio, gelatina, ágar, nitrocelulose, celulose e albumina de ovo e não vemos nenhum motivo para imaginar que essa lista não possa ser ampliada indefinidamente."

Note que, apesar de seu triunfo com aerogel de sílica, ele não resistiu à tentação de fazer um aerogel com albumina de ovo – a parte branca do ovo. Então, enquanto o resto do mundo estava usando a parte branca do ovo para cozinhar omeletes leves e fazer bolos, Kistler cozinhou algo diferente usando um autoclave para criar aerogel de ovo: o merengue mais leve do mundo.

Aerogel de sílica é muito estranho. Colocado contra um fundo escuro, como na fotografia a seguir, ele parece ser azul, mas coloque-o contra um fundo iluminado e ele desaparece quase inteiramente. Nesse sentido, é mais difícil vê-lo – é até mais invisível – do

Aerogel de sílica, o sólido mais leve do mundo, que é formado 99,8% de ar.

que o vidro normal, apesar de ser menos transparente. Quando a luz passa pelo vidro, seu caminho é levemente distorcido – é refratado – e o grau de distorção é conhecido como índice de refração do vidro. No caso do aerogel, simplesmente porque há menos material, o caminho da luz dificilmente é distorcido. Por essa mesma razão, não há nenhuma indicação de reflexo em sua superfície, e por causa da sua densidade ultrabaixa, ele parece não ter contornos distintos, não ser totalmente sólido. O que, claro, ele não é. O esqueleto interno de uma gelatina tem uma estrutura não muito diferente da espuma de sais de banho, com uma diferença principal, a de que todos os buracos estão ligados. O aerogel de sílica é tão cheio de buracos que é tipicamente formado por 99,8% de ar e tem uma densidade só três vezes maior do que o ar, o que significa que praticamente não tem nenhum peso.

Ao mesmo tempo, quando colocado contra um fundo escuro, o aerogel de sílica é, sem dúvida, azul. E mesmo assim, como é feito de vidro claro, não deveria ter nenhuma cor. Durante muitos anos, os cientistas se perguntaram por que isso era assim. A resposta era muito estranha.

Quando a luz do sol entra na atmosfera da Terra, atinge todos os tipos de moléculas (principalmente de nitrogênio e oxigênio) no seu caminho e vai quicando como uma bola de fliperama. Isso é chamado dispersão, o que significa que, em um dia claro, se você olhar para qualquer parte do céu, a luz que vê esteve se dispersando pela atmosfera antes de chegar a seus olhos. Se toda a luz fosse dispersada igualmente, o céu seria branco. Mas não acontece assim. A razão é que os comprimentos de ondas mais curtos de luz têm maior probabilidade de se dispersarem do que os mais longos, o que significa que os azuis se dispersam no céu mais do que os vermelhos e amarelos. Então, em vez de vermos um céu branco quando olhamos para cima, vemos o azul.

Essa dispersão de Raleigh, como é chamada, é bastante pequena na verdade, então é necessário um enorme volume de moléculas de gás para vê-la: funciona no céu, mas não em um quarto cheio de ar. Falando de outra forma, um pedaço do céu não parece azul, mas toda a atmosfera, sim. Porém, se uma pequena quantidade de ar for encapsulada em um material transparente que contém bilhões e bilhões de pequenas superfícies internas, então haverá suficiente dispersão de Raleigh por essas superfícies para mudar a cor de qualquer luz que passe por ela. Aerogel de sílica tem exatamente essa estrutura, e é de onde vem seu tom azul. Então, quando você segura um pedaço de aerogel nas mãos, é, de uma forma muito real, como segurar um pedaço do céu.

A espuma de aerogel possui outras propriedades interessantes, sendo que a mais incrível é seu isolamento térmico – sua capacidade de agir como uma barreira contra o calor. É tão bom nisso que você pode colocar a chama de um bico de Bunsen de um lado de um pedaço de aerogel e uma flor do outro e a flor ainda estará inteira alguns minutos depois.

Aerogel de sílica protegendo uma flor das altas temperaturas de um bico de Bunsen.

O vidro duplo funciona criando um espaço entre dois painéis de vidro, o que dificulta que o calor passe entre eles. Imagine que os átomos no vidro estão organizados como a audiência de um concerto de rock, todos juntos e dançando. Quando a música vai ficando mais alta e a audiência dança com mais energia, as pessoas começam a se bater umas contra as outras. O mesmo acontece com o vidro: com o material se aquecendo, os átomos começam a se sacudir. A definição da temperatura de um material é, na verdade, o grau no qual os átomos estão se sacudindo dentro dele.

DE QUE SÃO FEITAS AS COISAS

No caso do vidro duplo, no entanto, há um espaço entre os dois painéis, o que significa que os átomos de vidro sacudindo em um painel não conseguem transmitir facilmente a energia para os que estão no outro. Claro, isso funciona dos dois lados: o mesmo vidro duplo pode ser usado para manter o calor dentro de um edifício no Ártico e mantê-lo fora de um prédio em Dubai.

As janelas de vidro duplo funcionam bem o suficiente, mas elas ainda deixam passar muito calor – como qualquer um que vive em países quentes ou frios sabe ao olhar para suas contas de energia. Podemos fazer melhor? Bem, há, claro, vidros triplos ou quádruplos, que funcionam ao introduzir uma nova camada de vidro e assim uma nova barreira para a transferência de calor. Mas o vidro é denso, então essas janelas ficam mais pesadas, volumosas e menos transparentes quanto mais camadas existirem. E aí entra o aerogel. Por ser uma espuma, tem dentro dela o equivalente a bilhões de bilhões de camadas de vidro e ar entre um lado e o outro do material. Isso é o que o transforma em um isolador térmico excepcional. Tendo descoberto isso e outras propriedades impressionantes, Kistler informou-as na sentença final de seu relatório da seguinte maneira: "Tirando o significado científico dessas observações, as novas propriedades físicas desenvolvidas nos materiais são de interesse incomum."

Realmente, de interesse incomum. Ele descobriu o melhor material isolante do mundo.

A comunidade científica aplaudiu rapidamente, mas logo esqueceu tudo sobre aerogéis. Eram os anos 30 e eles tinham outros peixes para fritar; era difícil saber o que moldaria o futuro e o que seria esquecido. Em 1931, no ano em que Kistler informou essa invenção dos aerogéis, o físico Ernst Ruska criou o primeiro microscópio eletrônico. Na mesma edição da *Nature* na qual Kistler publicou suas descobertas, o vencedor do prêmio Nobel, o cientista de materiais William Bragg, informou suas descobertas sobre a difração dos elétrons dentro dos cristais. Esses cientistas abriram o caminho para uma nova compreensão da estrutura interna dos materiais ao desenvolverem as ferramentas com as quais visualizá-los. Foi a primeira vez que um novo microscópio era inventado desde o microscópio óptico do século XVI e todo um novo mundo microscópico estava se abrindo. Logo, os cientistas de materiais estavam espiando células metálicas, plásticas, cerâmicas e biológicas, e começando a entender como elas funcionam de uma perspectiva atômica e molecular. Foi uma época emocionante: o mundo dos materiais estava explodindo e os cientistas de materiais logo estariam criando o nylon, ligas de alumínio, chips de silício, fibra de vidro e muitos outros materiais revolucionários. De alguma forma, com toda essa animação, o aerogel se perdeu e todo mundo se esqueceu dele.

Todo mundo menos um homem, o próprio Kistler. Ele decidiu que a beleza e as propriedades de isolamento térmico desses esqueletos de gelatina eram tão extraordinárias que deveriam ter e teriam um futuro. Apesar de o aerogel de sílica ser tão frágil quanto o vidro, é bastante forte para seu (minúsculo) peso, o suficiente para torná-lo útil à indústria. Então ele o patenteou e vendeu a licença de manufatura para uma empresa química chamada Monsanto Corporation. Em 1948, ela estava fazendo um produto chamado Santogel, que era um tipo de aerogel de sílica em pó.

Santogel parecia ter um futuro brilhante como o melhor isolante térmico do mundo, mas o momento não era certo para ele. A energia estava ficando cada vez mais barata, não mais cara, e não havia preocupações com o problema do aquecimento global. Um isolante térmico caro como o aerogel não fazia sentido em termos econômicos.

DE QUE SÃO FEITAS AS COISAS

Não tendo conseguido encontrar um mercado nos isolantes térmicos, a Monsanto encontrou aplicações bizarras para ele em várias tintas, sendo seu papel aplainá-las opticamente ao dispersar a luz, criando um arremate fosco. O aerogel terminou sendo usado, vergonhosamente, como um agente espessante em bálsamos antilarvas para ovelhas e na geleia usada para criar o napalm para bombas. Nos anos 60 e 70, alternativas mais baratas usurparam o aerogel até desse repertório bastante limitado de aplicações, e finalmente a Monsanto deixou de fabricá-lo. Kistler morreu em 1975 sem ter visto seu mais incrível material encontrar um lugar no mundo.

O ressurgimento do aerogel veio não como resultado de qualquer aplicação comercial, mas porque suas propriedades únicas atraíram a atenção de algum físico de partículas na CERN (Organização Europeia para a Pesquisa Nuclear) estudando algo chamado radiação Cherenkov. Essa é a radiação emitida por uma partícula subatômica quando viaja através de um material mais rápido do que a luz consegue viajar. Detectar e analisar essa radiação dá dicas sobre a natureza da partícula e fornece um meio muito exótico de identificar as muitas partículas invisíveis com as quais os cientistas estão lidando. O aerogel é extremamente útil para esse propósito – fornecendo um material através do qual a partícula pode viajar –, sendo, efetivamente, uma versão sólida de um gás, e continua a ser usado dessa maneira hoje, ajudando os físicos a desembaraçarem os mistérios do mundo subatômico. Quando o aerogel encontrou seu espaço nos laboratórios dos físicos, com equipamento sofisticado, objetivos esotéricos e grandes orçamentos, a reputação do material voltou a crescer.

Naquele momento, no começo dos anos 80, era tão caro fabricar o aerogel que ele só podia existir em laboratórios onde não havia restrição de dinheiro. O CERN era um desses laboratórios, mas logo a NASA também começou a fabricá-lo. As primeiras apli-

136

cações de aerogel de sílica na exploração espacial foram para isolar equipamentos de temperaturas extremas. Os aerogéis são bons especialmente para essa aplicação porque não apenas são os melhores isoladores do mundo, mas são extremamente leves, e quando você está afastando uma nave espacial da força gravitacional da Terra, reduzir o peso é muito importante. O aerogel foi usado pela primeira vez em 1997 na missão Mars Pathfinder e é usado como isolante em naves espaciais desde então. Mas quando os cientistas da NASA descobriram que o aerogel poderia aguentar a viagem espacial, eles perceberam que o material tinha outro uso possível.

Se você olhar para o céu em uma noite clara, poderá ver uma estrela cadente, que aparece como uma trilha brilhante de luz cruzando o céu. Há muito tempo sabemos que são meteoros que entram na atmosfera da Terra em alta velocidade e queimam quando se aquecem. Achávamos que a maioria deles era pó do espaço, que é o material que sobrou da criação do sistema solar há 4,5 bilhões de anos, junto com cometas e outros asteroides. Determinar exatamente de que materiais esses corpos celestiais são feitos é uma dúvida que perdura por muitos anos, já que essa informação poderia nos ajudar a entender como o sistema solar foi formado, além de dar mais informações sobre a composição química da Terra.

Analisar a composição material dos meteoritos nos deu algumas dicas tentadoras, mas o problema com esses espécimes é que eles foram aquecidos a temperaturas muito altas em sua passagem pela atmosfera. Não seria lindo, pensou o pessoal da NASA, se eles pudessem capturar alguns desses objetos no espaço e trazê-los de volta à Terra em um estado puro?

O primeiro problema com essa ideia é que objetos no espaço tendem a viajar muito rápido. O pó do espaço geralmente viaja a velocidades de 50 km/s, que equacionam 18 mil km/h, muito mais rápido do que uma bala. Agarrar um objeto como esse não é fácil.

DE QUE SÃO FEITAS AS COISAS

É como parar uma bala com, digamos, seu corpo: ou a força da bala excede a pressão de ruptura da sua pele, o que significa que vai passar por você, ou é usado um colete à prova de balas feito de um material resistente à ruptura, como o Kevlar, o que resulta em uma bala comprimida e deformada. De toda forma, é um negócio arriscado. No entanto, em princípio, é possível – assim como agarrar uma bola de críquete ou beisebol com mãos "macias", o truque é espalhar e dissipar a energia da bola em vez de abraçá-la com um impacto único e de alta pressão. O que a NASA precisava, então, era uma forma de diminuir a velocidade da poeira de 18 mil km/h a zero sem danificar a poeira ou a nave espacial – tratava-se, idealmente, de um material com uma densidade muito baixa, assim as partículas de poeira diminuiriam de velocidade gentilmente sem serem danificadas; um material que pudesse fazer isso dentro do espaço de uns poucos milímetros; e que fosse, também, um material transparente, assim os cientistas poderiam encontrar os pequenos pontinhos de poeira que estivessem enterrados nele.

Que esse material existisse já era um pequeno milagre. Que a NASA já o tivesse usado em viagens espaciais era extraordinário. Era, claro, o aerogel de sílica. O mecanismo usado pelo aerogel é o mesmo feito para proteger dublês em filmes quando caem de edifícios altos: uma montanha de caixas de papelão, cada caixa absorvendo um pouco da energia do impacto quando colapsa debaixo do peso do ator, e quanto mais caixas, melhor. Da mesma forma, cada parede de espuma dentro do aerogel absorve uma pequena quantidade de energia quando é atingida pelas partículas de poeira, mas como há bilhões delas por centímetro cúbico, há suficientes para pará-las de forma relativamente tranquila.

A NASA construiu uma missão espacial inteira ao redor da capacidade do aerogel de gentilmente coletar o pó das estrelas. Em 7 de fevereiro de 1999, a nave espacial Stardust foi lançada, contendo todo o equipamento necessário para fazer uma viagem através do sistema solar, enquanto também estava sendo programada para passar por um cometa chamado Wild 2. A ideia era coletar poeira interestelar do espaço profundo, assim como a poeira que era ejetada de um cometa, permitindo que a NASA estudasse a composição material dos dois. Para fazer isso, eles desenvolveram uma ferramenta que lembrava uma gigantesca raquete de tênis, mas em vez de buracos entre as cordas, havia aerogel.

Durante o verão e o outono* de 2002, enquanto estava no espaço profundo, a milhões de quilômetros de qualquer planeta, a nave Stardust abriu uma porta e colocou para fora sua gigantesca raquete de tênis com aerogel. Não havia oponentes neste jogo de tênis interestelar e as bolas que ela estava procurando eram microscopicamente pequenas: os restos de outras estrelas há muito desaparecidas, ingredientes que sobraram de nosso próprio sistema solar ainda voando por aí. A nave Stardust não podia ficar no espaço por muito tempo porque tinha um encontro marcado com o cometa Wild 2, vindo dos confins exteriores do sistema solar e aproximando-se do centro, o que faz a cada 6,5 anos. Tendo guardado sua raquete de tênis de aerogel, a nave espacial voou para seu encontro. Demorou mais de um ano para chegar à posição correta, mas em 2 de janeiro de 2004, a espaçonave estava em rota de colisão com o cometa, que tinha cinco quilômetros de diâmetro e navegava ao redor do sol. Quando manobrou para ficar no rabo do cometa, 237 quilômetros atrás dele, a nave abriu sua escotilha e mais uma vez tirou sua raquete de tênis com aerogel, dessa vez usando o outro lado, e começou a coletar, pela primeira vez na história humana, pó de cometa virgem.

Tendo coletado a poeira do cometa, a Stardust voltou à Terra, chegando dois anos depois. Quando se aproximou da Terra, fez

---

* Correspondentes ao inverno e à primavera do Hemisfério Sul. (N. T.)

DE QUE SÃO FEITAS AS COISAS

uma manobra forte, arremessando uma pequena cápsula, que caiu atraída pela gravidade, entrando na atmosfera à velocidade de 12,9 km/s, a mais rápida reentrada já registrada, e tornando-se, assim, ela mesma, uma estrela cadente. Depois de quinze segundos de queda livre e tendo chegado a temperaturas muito altas, a cápsula liberou um paraquedas de desaceleração para diminuir a velocidade de descenso. Alguns minutos depois, a uma altura de três mil metros acima do deserto de Utah, a cápsula liberou o paraquedas de desaceleração e libertou o paraquedas principal. Nesse ponto, a equipe de recuperação no chão tinha uma boa ideia de onde a cápsula ia aterrissar e dirigiu-se ao deserto para recebê-la depois de uma viagem de sete anos e quatro bilhões de quilômetros. A cápsula tocou as areias do deserto de Utah às 10:12 GMT do domingo, 15 de janeiro de 2006.

"Sentimos que éramos pais esperando o retorno de um filho que nos tinha deixado quando era jovem e inocente, que agora voltava trazendo respostas às mais profundas questões do nosso sistema solar", falou o gerente de projeto Tom Duxbury, do Laboratório de Propulsão a Jato da NASA em Pasadena, Califórnia.

No entanto, até abrirem a cápsula e começarem a examinar as amostras de aerogel, os cientistas não tinham ideia se havia qualquer resposta. Talvez a poeira espacial tivesse passado direto pelo aerogel. Ou talvez a violência e a desaceleração da reentrada tivessem desintegrado o aerogel em pó. Ou talvez não houvesse nenhuma poeira.

Eles não precisavam se preocupar. Quando levaram a cápsula de volta aos laboratórios da NASA e abriram, encontraram o aerogel intacto e quase completamente perfeito. Havia minúsculas marcas de furos na superfície, e eram elas, descobriu-se depois, os pontos de entrada para a poeira espacial. O aerogel tinha feito o trabalho que nenhum outro material poderia fazer: tinha trazido de volta amostras puras de poeira de um cometa formado antes da existência da própria Terra.

Desde o retorno da cápsula de aerogel, demorou muitos anos para que os cientistas da NASA encontrassem os pequenos pedaços de poeira embutidos no aerogel, e o trabalho continua até hoje. A poeira que estavam procurando é invisível a olho nu e deve ser encontrada por exame microscópico das amostras, o que pode levar anos. O projeto é tão imenso que a NASA pediu ao público para ajudar na pesquisa. O esquema Stardust@Home treina voluntários para usarem seus computadores de casa para olhar milhares de imagens microscópicas das amostras de aerogel e tentar ver os sinais da existência de um pedaço de poeira espacial.

O trabalho até agora trouxe um bom número de resultados interessantes, e o mais surpreendente deles é que a poeira do cometa Wild 2 mostra a presença de gotinhas derretidas ricas em alumínio. É muito difícil entender como esses componentes poderiam ter se formado em um cometa que só experimentou as condições geladas do espaço, já que são exigidas temperaturas de mais de 1.200 °C para fazer isso. Como pensamos que os cometas são rochas congeladas que nasceram com o sistema solar, isso foi um pouco surpreendente, para dizer o mínimo. Os resultados parecem indicar que o modelo padrão de formação de cometas está errado, ou há mais coisas que não entendemos sobre como foi formado nosso sistema solar.

Enquanto isso, tendo completado sua missão, a nave Stardust ficou sem combustível. Em 24 de março de 2011, quando estava a 312 milhões de quilômetros da Terra, respondeu a um comando final da NASA para encerrar as comunicações. Ela reconheceu esse comando e deu seu adeus final. Atualmente, está viajando para o espaço profundo, um tipo de cometa feito pelo homem.

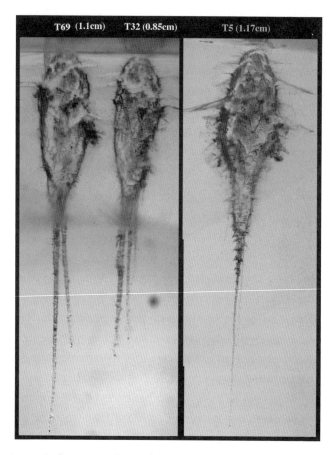

As partículas microscópicas de cometa presas no aerogel (NASA).

Agora que a missão Stardust terminou, será esse o destino do aerogel também, terminar na obscuridade? Tudo é possível. Mesmo sendo os aerogéis os melhores isolantes que temos, são muito caros e não está claro que, mesmo agora, nos importamos o suficiente com a conservação de energia para avaliar economicamente o aerogel. Há muitas empresas vendendo aerogel para isolamento térmico, mas, no momento suas principais aplicações voltam-se a ambientes extremos, como operações de perfuração.

É possível que, por causa das considerações ambientais, nossos custos de energia fiquem cada vez mais altos. Em um futuro com custos de energia suficientemente altos, é concebível que o vidro duplo monolítico ao qual estamos acostumados possa ser substituído por um material de vidro muito mais sofisticado baseado em tecnologia de aerogel. Pesquisas para desenvolver um novo aerogel estão acontecendo em um ritmo cada vez mais rápido. Há agora um número de tecnologias de aerogel que resultam em um material que não é rígido e frágil, como é o aerogel de sílica, mas flexível e dobrável. Chamado de x-aerogel, esse material é flexível por uma peça pura de química que separa as rígidas paredes de espuma de um aerogel uma da outra e insere entre elas moléculas de polímero que agem conjuntamente dentro do material. Esse x-aerogel pode ser feito em materiais flexíveis como tecidos e poderia ser usado para fazer os cobertores mais quentes e mais leves do mundo, potencialmente substituindo edredons, sacos de dormir e coisas do tipo. Por serem tão leves, eles também seriam perfeitos para roupas usadas ao ar livre e botas criadas para ambientes extremos. Poderiam até substituir as solas de espuma em tênis esportivos que fazem esse tipo de tênis tão macio. Recentemente, foi criada uma família de aerogéis de carbono que conduzem eletricidade, assim como aerogéis superabsorventes que podem sugar lixo e gases tóxicos.

Assim, os aerogéis ainda podem ser parte de nossa futura vida diária, a resposta, talvez, para um clima mais extremo e volátil. Como cientista de materiais, é bom saber que provavelmente temos os materiais corretos para oferecer ao mundo, caso o aquecimento global não possa ser evitado, mas esse não é o tipo de futuro que quero para meus filhos. Em um mundo onde industrializaram tantos materiais, incluindo aqueles com aplicação sagrada, como ouro e diamante, gosto de pensar que pode também existir um lugar para um material valioso somente por sua beleza e seu significado. A maioria das pessoas nunca vai segurar um pedaço de aerogel nas mãos, mas quem segurou nunca esqueceu. É uma experiência única. Não há peso perceptível, e suas pontas são tão imperceptíveis que é impossível ver onde termina o material e começa o ar. Acrescente a isso sua fantasmagórica cor azul e realmente é como segurar um pedaço de céu em sua mão. O aerogel parece ter a capacidade de obrigá-lo a procurar alguma desculpa em seu cérebro para se envolver com ele. Como um convidado enigmático em uma festa, você só quer estar perto dele, mesmo que não consiga pensar em nada para falar. Esses materiais merecem um futuro diferente, não de esquecimento e inclusão em um acelerador de partículas; precisam ser valorizados por eles mesmos.

O aerogel foi criado por pura curiosidade, engenhosidade e maravilha. Em um mundo onde falamos que valorizamos tal criatividade e damos medalhas para recompensar seu sucesso, é estranho que ainda usemos ouro, prata e bronze para isso. Pois se houve um material que representou a capacidade da humanidade de olhar para o céu e se perguntar quem somos, se houve um material que representou nossa capacidade de transformar um planeta rochoso em um lugar generoso e maravilhoso, se já houve um material que representou nossa capacidade para explorar a vastidão do sistema solar enquanto, ao mesmo tempo, fala da fragilidade da existência humana, se já houve um material de céu azul – esse material é o aerogel.

6. Imaginativo

DE QUE SÃO FEITAS AS COISAS

Enquanto fazia meu doutorado no Departamento de Materiais da Universidade de Oxford, eu regularmente ia às matinês de cinema. Assistir a filmes em um cinema vazio e escuro acalmava meu cérebro de uma forma que nenhum outro tipo de relaxamento conseguia, especialmente em tardes cinzentas e chuvosas. Um dia, no entanto, aconteceu algo estranho. Tive uma forte discussão com um estranho na fila do snack bar. O filme que estava passando naquela tarde era *Butch Cassidy,* um faroeste clássico estrelado por Paul Newman e Robert Redford. Antes do começo do filme, eu estava na fila para comprar uns doces, quando ouvi o cara atrás de mim reclamando de como os cinemas tinham perdido sua magia e se tornado lojas glorificadas vendendo doces caríssimos. Ele estava na fila por esses mesmos confeitos que dizia odiar, notei, mas a inconsistência não foi suficiente para superar minha reserva britânica. Foi o que ele falou em seguida que realmente me deixou doido. "Por que todos os doces são vendidos em sacos plásticos?", ele perguntou. "No meu tempo, eram de papel. Os doces eram guardados em jarras e vendidos por peso em sacos de papel." Eu me virei um pouco, apertando meu pacote laranja brilhante de chocolate, olhei bem para ele e, sorrindo, falei: "Mas claro que o plástico tem todo o direito, entre os muitos materiais, de estar no cinema, especialmente no contexto desse filme". Talvez meu tom tenha sido um pouco condescendente – provavelmente foi. Eu era um estudante de doutorado e achava que sabia muito. Mas também tinha vontade de defender o plástico, um material que geralmente é mal representado.

Tinha escolhido a pessoa errada, no entanto. Ele me respondeu com toda a força de um conhecedor do cinema. Que porcaria eu estava falando? O que eu sabia sobre cinema na minha idade? Ele tinha vivido e respirado a era dourada. O cinema tinha a ver com as estrelas da tela prateada, as luzes piscantes, as cadeiras de veludo e o zumbido do projetor. Ele não ouviu uma palavra do que

146

eu dizia e, na verdade, estava provavelmente certo em não ouvir. Qualquer que fosse a base factual do meu argumento, eu não tinha a linguagem para transmiti-la de forma significativa. No final, nós dois entramos no cinema escarlate com raiva e nos sentamos nos lados opostos de um auditório bastante vazio. Respirei com alívio quando as luzes finalmente se apagaram.

Pensei muito naquele episódio humilhante em como poderia ter defendido o plástico de forma mais eficiente. Cheguei à conclusão de que a única forma pela qual ele poderia ter ouvido meu argumento era pelo meio que mais valorizava: a linguagem visual do cinema. Então, aqui está um roteiro para estabelecer o argumento que perdi sobre a relevância das embalagens de plástico dos doces para o filme *Butch Cassidy*. Às vezes, meu roteiro rudimentar e sua relevância a meu argumento na fila ficam, talvez, um pouco obscuros, então cada cena é seguida de algumas notas explicativas.

CENA 1

Interior: Um *saloon*, San Francisco, 1869.

Começo da tarde. Cadeiras e mesas enchem o salão, cujo meio está ocupado por homens jogando cartas e bebendo. Há um piano no canto que ninguém está tocando. O brilhante sol da Califórnia entra pelas persianas, que estão quebradas e fazem um som estridente quando bate o vento. A fumaça de charutos sobe pelo ar.

Os ocupantes do *saloon* são homens com cara feia, a maioria desempregados. Alguns são ex-mineiros que vieram ao Oeste durante a Corrida do Ouro da Califórnia dez anos antes e depois foram para a cidade, sem conseguir ficar ricos. Outros são veteranos da Guerra Civil, que vieram para cá como mercenários. Algumas poucas mulheres fazem companhia.

DE QUE SÃO FEITAS AS COISAS

No canto há uma mesa de bilhar para acomodar a nova mania por esse jogo, usando quinze bolas coloridas. **BILL** e seu irmão mais novo, **ETHAN,** estão jogando. **BILL** é um caubói que veio para a cidade fugindo depois de matar um homem em Ohio. Ele é geralmente muito quieto, com um sorriso sem dentes por ter recebido uma patada de um cavalo que arrancou todos. Ele convenceu seu irmão mais novo a viajar para cá com ele usando a nova estrada de ferro.

ETHAN

(Sobre a mesa de bilhar a ponto de dar uma tacada.)

Bola azul, buraco do canto.

BILL

(Encostado na parede com o taco na mão.)

É?

ETHAN

(Encaçapa a bola no buraco do canto.)

Sim, senhor! Eu gosto dessas bolas novas, realmente gosto.

BILL

É?

ETHAN

É (adota um sotaque elegante falso), feitas para um homem de lazer, não sabia? – como nós, certo, Bill? Homens de lazer? Ha!

ETHAN encaçapa mais duas bolas, continuando a comentar em seu sotaque falso e rindo para **BILL** entre cada tacada certeira. **BILL** não percebe, distraído por uma discussão em uma das mesas de cartas.

Um **HOMEM COM O ROSTO VERMELHO**, recém-chegado, finalmente percebe que estava sendo sistematicamente enganado nas cartas e se levanta rapidamente, derrubando sua cadeira atrás de si e caindo violentamente no chão. O resto da mesa ri. O **HOMEM COM O ROSTO VERMELHO** está tão bêbado que os pensamentos em sua cabeça são claramente visíveis em seu rosto. Ele pensa em virar a mesa de cartas e ir embora, mas sua mão encontra sua arma e ele começa a apontá-la para os outros jogadores. A risada para e depois de uns segundos todos ficam em silêncio no *saloon*. Exceto **ETHAN**, que está de costas para a sala e se preparando para outra tacada aparentemente impossível.

ETHAN

(Falsa voz elegante) Bola azul, buraco do canto.

No silêncio, ele dá a tacada, mas algo estranho acontece quando a bola branca acerta a bola oito – há uma explosão brilhante acompanhada por um barulho alto. A bola oito erra o buraco, desviada do curso pela miniexplosão.

O **HOMEM COM O ROSTO VERMELHO**, cuja atenção tinha começado a se voltar para **ETHAN**, fica tão espantado com o barulho que instintivamente reage atirando na direção da mesa de bilhar antes de sair correndo do *saloon*.

ETHAN cai sangrando no chão, quando a bola branca finalmente para, ainda ardendo da sua colisão explosiva com a bola oito.

DE QUE SÃO FEITAS AS COISAS

Notas para cena 1

O jogo de bilhar desenvolveu-se a partir de um jogo do século XV do norte da Europa, que surgiu nos palácios reais e era, em essência, uma versão interna do croqué. É por isso que a superfície da mesa tinha a cor verde, para simular a grama. Um dos resultados da Revolução Industrial foi baratear a produção das mesas de bilhar. Como acontece até hoje, descobriram que o jogo poderia aumentar a renda de bares e tavernas, e ele começou a ser adotado pelos novos pobres urbanos.

Durante o século XIX, o jogo foi ficando mais sofisticado tecnicamente. Primeiro, os tacos ganharam pontas de couro e foram cobertos com giz, para permitir maior controle sobre a bola ao girá-la. Essa técnica foi introduzida nos Estados Unidos por marinheiros ingleses e ainda é chamada, por lá, de colocar um "inglês" na bola. Na década de 1840, a invenção da borracha vulcanizada por Charles Goodyear permitiu a introdução de "almofadas" nas laterais da superfície da mesa, que eram macias e elásticas em vez de duras pela madeira, garantindo que as bolas iriam quicar de uma maneira previsível pela primeira vez. A partir desse ponto, as mesas de bilhar lembram as que conhecemos hoje. O movimento de um jogo de bilhar, que usa três ou quatro bolas, para o jogo de *pool*, mais na moda, que usa quinze bolas, aconteceu na década de 1870 nos Estados Unidos. Até esse ponto, no entanto, as próprias bolas eram feitas de marfim e, por isso, muito caras.

O marfim tem uma combinação única de propriedades materiais: é duro o suficiente para garantir milhares de colisões de alta velocidade entre as bolas sem amassar ou lascar; é duro o suficiente para não quebrar; pode ser fabricado no formato esférico de uma bola; e, como muitos materiais orgânicos, pode ser pintado em cores diferentes. Nenhum outro material na época tinha essa combinação de propriedades. Assim, quando a popularidade do bilhar explodiu nos *saloons* norte-americanos, pensou-se que o preço do marfim poderia aumentar tanto em resposta à demanda que o jogo rapidamente se tornaria muito caro. Por isso, começaram os testes em muitos *saloons* pelo continente de bolas feitas de novos materiais, como plásticos, sendo que alguns deles se comportavam de forma muito estranha. O plástico era um novo tipo de material, tão diferente dos outros como um roteiro é da prosa.

CENA 2

Interior: Um barracão no centro de Nova York.

O barracão serve como laboratório de **JOHN WESLEY HYATT**, um jovem que trabalha como impressor de jornais, mas em seu tempo livre realiza experiências químicas. Aos vinte e oito anos, ele já tem uma patente em seu nome, e está a ponto de entrar nos livros de história como o primeiro fabricante do mundo de plástico usável.

Ele foi visitado pelo **GENERAL LEFFERTS**, um militar aposentado e investidor que, já tendo apoiado financeiramente o jovem Thomas Edison, agora está interessado em **HYATT. LEFFERTS**, um homem grande e formal, precisa se inclinar para não bater a cabeça no teto do barracão, que está cheio de vidros, barris de madeira e uma quantidade surpreendente de marfim. Há um cheiro forte de solvente apesar de as janelas estarem abertas.

HYATT

Tive a ideia do que quero mostrar ao senhor quando estava tentando fazer bolas de bilhar sintéticas. (Ele aponta para o canto da sala, onde há uma caixa de bolas de bilhar variadas.)

DE QUE SÃO FEITAS AS COISAS

LEFFERTS

Bolas de bilhar? Por que bolas de bilhar?

HYATT

Atualmente, elas só podem ser feitas de marfim, mas são muito caras, e o jogo é tão popular hoje em dia que os fabricantes de mesas de bilhar estão com medo de ficar sem. Então colocaram um anúncio no *New York Times* com uma recompensa de dez mil dólares para quem conseguir inventar um material substituto.

LEFFERTS

Dez mil dólares! Uau, não deve dar para ganhar
tanto dinheiro com esse jogo.

HYATT, que está mexendo com seu aparelho químico, para o que está fazendo para procurar algo e rapidamente localiza o que procura, pregado na parede. É um recorte de jornal amarelado do anúncio da recompensa no *New York Times*. Entrega-o para **LEFFERTS**.

HYATT

Veja você mesmo.

LEFFERTS

(Lendo o artigo enquanto solta a fumaça do seu charuto.) "Phelan & Collender, maior fornecedor de bilhares dos Estados Unidos" – nunca ouvi falar deles... (Continua a ler em silêncio, murmurando algumas das palavras, e depois recita uma passagem.) "Oferecemos uma importante fortuna de dez mil dólares a qualquer inventor que conseguir criar um material substituto para o marfim." Bem, bem, e não é que é verdade?

HYATT

Oh, é verdade, com certeza. Estive trabalhando no problema já faz alguns anos e forneci alguns protótipos a eles. Faz alguns meses eles me contataram dizendo que tinham enviado vários conjuntos das minhas últimas versões a *saloons* de todo o país, para testar.

LEFFERTS

Então você conseguiu?

HYATT

Bom, sim... (Ele parece não ter certeza como continuar)... Mas tem um problema... Hã... deixe-me mostrar como eu os criei e então você vai ver. Na verdade, é por isso que eu o trouxe aqui, porque você precisa ver para acreditar.

HYATT termina de mexer em várias partes de seu kit experimental e depois pega uma grande garrafa Dewar, um tipo de garrafa térmica, de um armário trancado e começa a jogar seu conteúdo, um líquido claro, em um béquer.

HYATT

Essa é a chave de tudo, e estava debaixo do meu nariz o tempo todo!

LEFFERTS

O que é isso?

DE QUE SÃO FEITAS AS COISAS

HYATT

É uma preparação de nitrocelulose em álcool.

LEFFERTS

Nitrocelulose... Ouvi falar sobre isso... humm... sim, mas não é um explosivo?

LEFFERTS de repente fica vermelho, bravo com sua própria ingenuidade de visitar esse cientista louco e colocar sua vida em perigo. Ele segura nervoso seu charuto – já tinha visto muitos acidentes estúpidos com explosivos na Guerra Civil.

HYATT

(Sem perceber as preocupações de **LEFFERTS**.) Oh, acho que você está falando da nitroglicerina... sim, acho que são parecidas quimicamente, mas isso é nitrocelulose, que não é tecnicamente explosiva. Talvez seja um pouco explosiva, altamente inflamável, com certeza. Mas sou muito cuidadoso.

Ele se vira para **LEFFERTS** nesse ponto para sorrir, e então percebe que **LEFFERTS** está nervoso e começa a explicar melhor para tranquilizá-lo.

HYATT

A nitroglicerina é feita da nitração da glicerina, que é um líquido oleoso sem cheiro que resulta da fabricação de sabão. Você só mistura a glicerina com ácido nítrico. Mas, como você diz, é muito instável e é o ingrediente central da dinamite. O que tenho aqui, no entanto, é nitrocelulose, que é feita com a mistura da polpa de madeira com ácido nítrico. Se você secá-la, ela se torna algo chamado algodão-pólvora, que é altamente inflamável, mas posso garantir (virando-se de novo para **LEFFERTS**) que não explode, na verdade. Na forma líquida que estou usando, conhecida como colódio, faz algo mais interessante. Veja.

LEFFERTS vê enquanto **HYATT** coloca algumas gotas de tinta vermelha no béquer de solução de nitrocelulose, que fica vermelho brilhante. Ele então coloca uma bola de madeira, presa a um fio, no líquido. Quando tira a bola, está envolvida por uma linda camada de plástico vermelho brilhante, que rapidamente endurece. A transformação tem o efeito esperado sobre **LEFFERTS**.

LEFFERTS

Incrível. Posso tocá-la?

HYATT

(Contente.) Sim... bem, hã, não, precisa secar um pouco mais. Mas aqui estão algumas feitas antes.

LEFFERTS

(Segurando as bolas de bilhar artificiais, batendo uma na outra.) Então você resolveu. Qual é o problema? Ainda é inflamável?

LEFFERTS tira o charuto da boca e cautelosamente cutuca a bola de bilhar, que começa a pegar fogo. **HYATT** rapidamente pega a bola em chamas das mãos de **LEFFERTS** e joga pela janela.

HYATT

Bom, sim, são inflamáveis. Isso não é o ideal, claro. Na verdade, houve notícias de que quando as bolas colidem em alta velocidade podem pegar fogo espontaneamente. Mas o verdadeiro problema é o som: quando as bolas batem uma na outra, o som não é o correto.

LEFFERTS

Bah, quem se importa como é o som delas?

HYATT

Oh, eles se importam. Eu me importo, também. Mas não é isso que eu queria conversar com você. Aqui. Dê uma olhada nisso. (Ele tira um objeto de uma gaveta e entrega para **LEFFERTS**.)

LEFFERTS

(Inspeciona por um tempo.) Um pente de marfim. E daí?

HYATT

Não é marfim! (Sorrindo com deleite.) Ah! Eu te enganei. É um novo material feito desse mesmo nitrato de celulose que está cobrindo a bola de madeira. Mas, no meu novo processo, a bola não é necessária. Consigo fazer objetos inteiros puramente do nitrato de celulose. Basta acrescentar nafta, um solvente derivado do petróleo, e pronto. O processo é chamado plastificação. (Ele começa a mexer, animado, em sua gaveta.) Aqui está uma escova de cabelo, e aqui uma de dentes, e aqui está... um colar... (Entregando a **LEFFERTS**.)

LEFFERTS fica em silêncio por um tempo enquanto inspeciona os objetos de falso marfim.

LEFFERTS

(Com voz baixa.) Qual o tamanho do mercado de marfim?

HYATT

Grande. Muito grande.

LEFFERTS

O que você precisa para começar a produzir esse... como se chama?

HYATT

É feito de celulose, então eu chamo de celuloide. O que você acha?

LEFFERTS

Não me importa como você quer chamá-lo. O que você precisa para começar a produzir celuloide em uma escala industrial?

HYATT

Tempo e dinheiro.

Notas para cena 2

Tudo isso é preciso (mesmo que o diálogo seja um pouco aproximado). Hoje em dia, é difícil acreditar que qualquer pessoa poderia fazer descobertas químicas tão fundamentais em um barracão.

DE QUE SÃO FEITAS AS COISAS

Mas, no final do século XIX, o começo da era dourada da engenharia química, uma compreensão cada vez maior da química coincidiu com oportunidades de empreendimento para ganhar dinheiro a partir da invenção de novos materiais. Também era barato e fácil conseguir químicos, cujas vendas não eram reguladas. Muitos inventores estavam trabalhando em suas casas – e, no caso de Goodyear, da prisão, por causa de suas dívidas. Quando sua borracha provou que funcionava, a demanda pela proteção, pelo conforto e pela flexibilidade desse tipo de material cresceu.

O termo *plástico* se refere a uma grande variedade de materiais, todos orgânicos (o que quer dizer que são feitos de um grupo de componentes baseados no carbono), sólidos e moldáveis. A borracha de Goodyear era uma forma de plástico, mas for a invenção de plástico completamente sintético que revolucionou o termo. John Wesley Hyatt e seu irmão estabeleceram um laboratório em seu estábulo para fazer isso, inspirados em parte por um anúncio no *New York Times* que oferecia US$ 10 mil a qualquer um que pudesse inventar um novo material para as bolas de bilhar. Hyatt também era apoiado financeiramente por um sindicato de investidores liderado por Marshal Lefferts, um general aposentado da Guerra Civil. Houve reclamações feitas por donos de *saloons*, sobre algumas bolas cobertas de colódio que explodiram sendo que um deles informou que "sempre que as bolas colidiam, todos os homens na sala puxavam suas armas". Hoje em dia, as bolas de bilhar e snooker são feitas de um plástico chamado resina fenólica, enquanto o celuloide só é usado para fazer um tipo de bola: a bola do tênis de mesa.

celulose

nitrato de celulose

A semelhança química entre celuloide e celulose, de que é feito o papel. Os dois componentes englobam anéis hexagonais de átomos de carbono, hidrogênio e oxigênio, conjugados por um simples átomo.

CENA 3

Interior: A recepção de um funeral, San Francisco.

O corpo de **ETHAN** está nu sobre uma mesa de operação. Suas roupas, que foram cortadas, estão caídas no chão. Há vários outros corpos novos deitados em bancos ao redor da sala, o sangue caindo de alguns deles, formando pequenas poças. Há um forte cheiro de químicos, combinado com o cheiro mais doce e mais pungente da decomposição. O **EMBALSAMADOR** está limpando o sangue do corpo de **ETHAN** enquanto **BILL** está olhando.

BILL

Então, quanto tempo eu tenho?

EMBALSAMADOR

Para os pais dele chegarem aqui?

BILL assente.

EMBALSAMADOR

Três dias, em circunstâncias normais.

BILL

(Com os dentes cerrados.) E sob circunstâncias anormais?

EMBALSAMADOR

Bom, tenho um pouco do novo formaldeído. Com muito disso, podemos preservá-lo bastante bem, mas é caro. Posso fazer algo mais barato com arsênico, mas ele não vai parecer o mesmo.

BILL fica em silêncio, olhando fixo para seu irmão morto, sem falar nada.

EMBALSAMADOR

Então, eu ouvi que foram as novas bolas de bilhar que fizeram isso com ele? As feitas por aquele sujeito de Nova York? Estava lendo sobre ele no jornal. Um cientista e um inventor, eles falaram, como Edison, que fez essas lâmpadas elétricas. Mas não tão bem-sucedido, pelo que parece.

BILL

Nova York? Ele é rico?

EMBALSAMADOR

Deve ser, acho...

BILL começa a sair.

EMBALSAMADOR

Ei, onde você vai? O que devo fazer com o corpo do seu irmão?

Notas para cena 3

Em 1869, apesar de os princípios de refrigeração já serem conhecidos, demoraria outros cinquenta anos para que as geladeiras começassem a aparecer. Em países quentes, só havia duas opções quando alguém morria: enterrar/cremar ou embalsamar. Os métodos de embalsamamento estavam baseados no álcool ou em soluções especiais contendo químicos tóxicos como o arsênico, até 1867, quando o formaldeído foi descoberto pelo químico alemão August Wilhelm von Hofmann. Ao contrário dos métodos anteriores, o formaldeído preservava o tecido de uma forma que dava ao cadáver uma aparência quase viva, e logo se tornou o método principal. Lenin, Kemal Atatürk e Diana, a Princesa de Gales, foram todos embalsamados com formaldeído.

Hoje em dia, uma nova técnica chamada plastificação foi desenvolvida por Gunther von Hagens. Isso envolve a remoção da água e da gordura (como os lipídios do corpo) e sua substituição,

DE QUE SÃO FEITAS AS COISAS

usando uma técnica de vácuo, por borracha de silicone e resina epóxi, um material altamente versátil que é usado em todos os tipos de tintas, adesivos e produtos flexíveis. Como o formaldeído, ele produz uma aparência viva, mas, por causa da rigidez do plástico usado, os corpos podem ser colocados em poses que parecem reais. Uma exposição desses corpos preservados e em pose, *Body Worlds,* está viajando pelo mundo desde 1995 e já foi vista por milhões de pessoas.

CENA 4

Interior: Tribunal em Nova York, alguns anos depois.

HYATT está sendo questionado sobre seus direitos de patente do novo plástico celuloide, com o qual sua empresa estava ganhando muito dinheiro, fabricando de tudo, de pentes e escovas de cabelo, a cabos de talheres e até dentaduras. O **ADVOGADO** que o questiona foi contratado por Daniel Spill, um inventor inglês que afirma ter criado um plástico similar, Xylonite, um ano antes. O **GENERAL LEFFERTS**, apoiador financeiro de **HYATT**, está na primeira fila de um tribunal bastante vazio, ouvindo os argumentos.

ADVOGADO

Você diz que inventou o celuloide ao tentar criar um material de substituição para... bolas de bilhar?

HYATT

Sim, isso é correto. Eu estava usando colódio para cobrir bolas de madeira, para dar o efeito do marfim. Mas percebi que, se pudesse encontrar uma forma de fazer a cobertura em um material sólido, poderia me livrar da madeira, e talvez fazer um material que pudesse ter o som mais parecido com o do marfim.

ADVOGADO

O som mais parecido com o do marfim? Sua história parece um pouco exagerada, não?

HYATT

Quantas vezes eu preciso explicar? Qualquer jogador de bilhar vai dizer que o ruído das bolas é parte do prazer do jogo.

ADVOGADO

Então você nega que recebeu informação, em 1869, de Londres, sobre um material chamado Xylonite, que usa o mesmo processo para transformar precisamente o mesmo material – (Consulta suas notas.) –, nitrato de celulose, em um material plástico quase idêntico ao sólido – (Consulta novamente suas notas.) – usando cânfora como solvente? Esse é o passo central que você usa para transformar colódio no que chama celuloide? Devemos acreditar que é pura coincidência?

HYATT

Não! Quero dizer, sim! Eu nego isso. Totalmente. (Ficando vermelho de raiva.) Encontrei o método totalmente sozinho.

ADVOGADO

Se encontrou ou não sozinho não é importante, Sr. Hyatt. Como o senhor bem sabe. O ponto é que há uma patente anterior protegendo o processo central que você está empregando em sua fábrica, e essa pa-

DE QUE SÃO FEITAS AS COISAS

tente pertence a meu cliente, o Sr. Daniel Spill, de Londres, Inglaterra. A quem o senhor não pagou nada.

HYATT

Daniel Spill! Hah! Ele não é inventor. É apenas um oportunista, um negociante e ruim! Ele tirou suas ideias de Alexander Parkes, um verdadeiro cientista, o inventor de Parkesine. Spill apenas o copiou. E agora quer ganhar dinheiro com meu trabalho honesto. (Virando para o juiz, que não está prestando atenção.) É uma desgraça, Meritíssimo.

ADVOGADO

Então agora nós devemos acreditar que você sabia de alguma forma do trabalho de Alexander Parkes e, mesmo assim, não sabia nada do trabalho do Sr. Daniel Spill?

HYATT

Que trabalho de Spill? Seu material não funciona! Se, por causa de alguma tecnicalidade, não tenho os direitos de patente do celuloide, então tampouco tem Spill. Foi Alexander Parkes que fez o primeiro plástico. Em 1862. Todo mundo sabe disso. Parkes simplesmente não conseguiu trabalhar direito, mas eu consegui – não por meio da cópia, como Daniel Spill, mas do meu próprio trabalho, da experimentação sistemática. (Virando para o juiz, que parece estar bastante entediado e mexendo em seu relógio de bolso.) Eu só quero continuar com minha empresa sem ser atacado por parasitas financeiros.

LEFFERTS esteve ouvindo atentamente o tempo todo, mas, com a admissão de que **HYATT** conhecia o trabalho de Parkesine, **LEFFERTS** olha para baixo um tempo, contemplando algo, depois se levanta e vai embora.

Notas para cena 4

Apesar da existência anterior de materiais parecidos com o plástico, o celuloide é bastante reconhecido como o primeiro plástico moldável comercial. Na Exibição Internacional de 1862, o metalúrgico, químico e inventor britânico Alexander Parkes apresentou uma substância muito curiosa ao mundo, feita de material vegetal, mas que era duro, transparente e plástico. Ele chamou de Parkesine. Também estava obcecado pelo colódio como um plástico em potencial, mas nunca tinha conseguido encontrar um solvente adequado com o qual transformar a nitrocelulose em um material moldável. Foi o uso, por Hyatt, de cânfora, uma borracha com um cheiro horrível encontrada na madeira, que fez o truque. Isso permitiu a transformação do celuloide em um material plástico acessível.

Ao mesmo tempo, na Inglaterra, Daniel Spill tinha ressuscitado o processo Parkes, pedido mais patentes e lançado um plástico similar chamado Xylonite. Apesar do fracasso comercial do Xylonite, Spill decidiu processar Hyatt com o argumento de que tinha uma patente anterior sobre o uso da cânfora como solvente no processo. A disputa da patente com Daniel Spill quase fez com que o negócio de Hyatt fechasse. Foi a decisão do juiz – que nem Spill nem Hyatt poderiam alegar direitos de patentes de plástico de nitrocelulose – que abriu toda a indústria de plástico a uma enorme competição e inovação.

CENA 5

Interior: Alcova de Mary Louise Young na cidade de Boulder, Colorado.

MARY LOUISE é uma bem-sucedida empresária, dona da única loja da cidade. Quando ela conversa com **BILL**, está sentada na frente do espelho, preparando-se para a noite, penteando seu cabelo e testando suas joias.

MARY LOUISE

Oh, Bill, você só quer casar comigo para colocar as mãos em meu dinheiro; assim pode partir de novo em suas viagens. Sei o que você quer.

BILL

Há um homem com quem tenho negócios em Nova York, mas vou voltar assim que resolver isso.

MARY LOUISE

(Risos) Então é verdade! Bom, se vou casar, quero que seja por amor, Bill. Quero andar nas ruas de braços dados. Quero descer do cavalo e da carroça e ir a um piquenique em Orchard Creek, e que me dê uvas na boca... (Ela ri ao pensar nisso.)

BILL

Um piquenique?

MARY LOUISE

Isso, Bill, um piquenique. Quero me sentir respeitável e livre, isso é o que quero que o casamento me traga. E quero que você vá ao dentista. Não vou me casar com ninguém que não tenha dentes, tenho certeza disso.

MARY LOUISE está experimentando vários colares. **BILL** se levanta pálido, arranca os colares da mão dela e os joga no canto do quarto.

BILL

Por que você se importa com essa porcaria?

MARY LOUISE

Bill! Pare com isso. Você sempre faz isso quando conversamos seriamente.

BILL

É apenas plástico, Mary Louise, plástico. Não são joias de verdade, assim como você não é uma verdadeira dama. São joias falsas para uma pessoa falsa!

MARY LOUISE

Pelo menos tenho aspirações, Bill – e padrões! Se você quiser que eu leve sua proposta a sério, sabe agora o que espero de você...

Notas para cena 5

A indústria de celuloide explodiu na década de 1870 e o material foi moldado em uma enorme variedade de formatos, cores e texturas. O mais importante é que podia se parecer com materiais muito mais caros – como marfim, ébano, casco de tartaruga e madrepérola – e as primeiras formas de plástico foram usadas principalmente dessa maneira. O fato de ser relativamente barato de fazer significou que grandes lucros eram possíveis pela venda de todos os tipos de pentes, colares e pérolas plásticas para a crescente classe média, que estava louca pela riqueza material dos ricos, mas não tinha como pagar.

CENA 6

Interior: Consultório de dentista.

Uma sala de madeira com uma grande cadeira no meio e várias mesas com uma boa quantidade de instrumentos de metal. Há um certificado pendurado na parede, afirmando que **HAROLD CLAY BOLTON** se formou na Faculdade de Odontologia de Cincinnati em 1865. Há uma única janela na sala, que dá para uma parte feia da cidade. É o meio do verão, quente e úmido.

DENTISTA

Senhor, por favor tire sua camisa e sente-se aqui, fique confortável. (Apontando para a cadeira do dentista.)

BILL

(Senta-se sem tirar a camisa.) Quanto vai custar isso?

DENTISTA

Ainda não sei. Vai depender do que você vai precisar.

BILL

Preciso de dentes. É bastante simples.

DENTISTA

Sim, senhor, mas preciso olhar sua boca primeiro para ver que tipo de dentadura vai funcionar. Tenho medo de que sua camisa fique suja se não tirá-la.

BILL

Você não vai fazer nada, apenas olhar, certo?

DENTISTA

Sim, mas...

BILL

Então, apenas olhe.

DENTISTA

Preciso tirar um molde da sua gengiva com esse material. (Mostra a **BILL** um reboco em pó.) E depois, dependendo de quantos dentes extras você precisar, posso usar borracha ou este novo material bastante interessante, que deixa uma sensação mais confortável na boca.

BILL

Não me importa. Só quero que funcione.

DENTISTA

Oh, esse novo celuloide funciona, com certeza. É incrivelmente fácil de moldar e...

BILL

O quê?!

DENTISTA

Celuloide. É muito novo, muito moderno, incrivelmente macio, mas também... duro, se entende o que quero dizer. O que é ideal para nossos propósitos. Todo mundo está usando... (Para de falar ao ver que **BILL** está ficando bravo.) Senhor...? Falei algo errado?

BILL

Maldição! Não existe um lugar seguro dessa maldita coisa!

DENTISTA

Mas, senhor, o plástico é realmente a melhor coisa, e tão confortável na boca... (Seguindo **BILL**, que se levantou e está caminhando para a porta.) Senhor, não entendo, qual é o problema? (Colocando a mão no braço de **BILL.**)

BILL puxa nervoso o braço, tira sua arma e aponta para o **DENTISTA**.

BILL

Vou dizer qual é o problema: isso é o problema! (Apontando sua arma para o equipamento e os materiais dentários.) Tudo isso é o problema!

Notas para cena 6

Estranhamente, Hyatt tentou construir um negócio de celuloide para criar dentaduras plásticas, mas o celuloide não funcionou para essa aplicação, principalmente porque o dente falso se deformava com o calor e tinha um forte gosto da cânfora usada em sua produção. A concorrência não era muito melhor, no entanto, por ser feito de borracha e ter gosto de enxofre. Os usuários de dentaduras tiveram que esperar até o século XX por plástico de acrílico para conseguir uma sensação mais agradável, neutra e "natural".

CENA 7

Interior: Escritório de Hyatt, Nova York.

GEORGE EASTMAN, fabricante de câmeras, veio visitar **HYATT** em seu escritório, que é um canto dividido por vidro no segundo andar de sua fábrica de celuloide.

HYATT

...então, acredito que poderemos criar uma câmera que seja mais leve do que suas caixas de madeira, já que seria feita em uma única peça, e também menos pesada que o equivalente em metal.

EASTMAN

Não vim aqui falar sobre câmeras.

HYATT

Não?

EASTMAN

Não. (**EASTMAN** fica em silêncio por um tempo. De costas para **HYATT**, ele olha os processos acontecendo na fábrica embaixo.) Qual é o mais fino que você consegue fazer o celuloide?

HYATT

Fino? Bom, eu comecei o negócio fazendo cobertura de coisas, se é isso que você quer.

EASTMAN

(Virando-se para encarar **HYATT**, claramente tendo se decidido sobre algo.) Quanto você sabe sobre placas fotográficas?

HYATT

Não muito... São feitas de vidro, não é?

EASTMAN

Sim, está certo: vidro que foi coberto por um gel sensível à luz.

HYATT

Então... você quer usar celuloide em vez de gel?

EASTMAN

(Com um olhar malicioso.) Quero usar celuloide em vez do vidro.

HYATT

(Tentando entender o motivo.) Humm... então as placas fotográficas quebrariam menos?

EASTMAN

Sabe quantas placas de vidro um fotógrafo consegue carregar, junto com todos os outros equipamentos de que precisa?

HYATT balança a cabeça.

EASTMAN

Dez, talvez quinze no máximo. É praticamente preciso usar um animal para carregar isso tudo, de tão pesado e desajeitado. Ou pelo menos um ou dois empregados – a coisa toda é muito cara, só os ricos podem fazer isso.

HYATT

Você acha que placas fotográficas de plástico serão mais baratas?

EASTMAN

Quero transformar a fotografia em algo que todo mundo possa fazer. Tão barata e fácil que se possa levar câmeras a festas de aniversário, piquenique ou nas férias, ou...

HYATT

À praia!

EASTMAN

Exatamente! Para fazer isso, precisamos criar uma câmera menor e mais leve. Mas, principalmente, preciso me livrar das pesadas placas de vidro. (Olhando sério para **HYATT**.) Desenvolvi essa câmera. O truque é colocar a emulsão fotográfica em uma longa tira flexível. Dessa forma, vinte ou trinta fotos podem ser enroladas em uma pequena caixa. Estou chamando de câmera Kodak e todo mundo poderá comprar uma. Vou levar a fotografia para o mundo todo!

HYATT

Então essa tira flexível – você já tem essa tecnologia?

EASTMAN

Bom, não. Tentamos papel, mas não funciona.

HYATT

Então, quer usar celuloide no lugar?

EASTMAN

É possível?

Notas para cena 7

O vidro era um excelente material para placas fotográficas, sendo transparente e quimicamente inerte. Mas as placas eram pesadas, desajeitadas e caras, limitando a fotografia aos profissionais e aos ricos. O filme de celuloide foi desenvolvido por George Eastman como um material substituto às placas de vidro, e foi central para a revolução fotográfica, como sua invenção das câmeras compactas Kodak. Ao mudar das placas de vidro para um filme flexível de celuloide, que podia ser enrolado, ele fez uma câmera muito menor, mais leve, barata e simples. Levou a fotografia às massas, e ao tornar a câmera portátil e barata o suficiente para ser usada informalmente, criou uma nova forma de compartilhar lembranças familiares por meio da fotografia. Agora vivemos em uma época na qual comprar um rolo de filme é uma raridade para a maioria, já que o material foi substituído pelas tecnologias digitais. Mesmo assim, a invenção do filme fotográfico de celuloide foi um momento central na cultura visual.

CENA 8

Interior: Escritório de Hyatt, Nova York.
Alguns anos depois.

Já passa da meia-noite. Todas as luzes na fábrica estão apagadas, exceto no segundo andar, no escritório de **HYATT**, onde ele está mexendo em um aparato estranho. **HYATT** ouve um barulho e levanta a cabeça.

HYATT

Quem está aí? (**HYATT** volta a trabalhar, mas ouve outro barulho.) Olá...? Tem alguém aí...? É você, Betty...?

A maçaneta da porta de seu escritório gira lentamente e a porta se abre. Por um momento, não aparece ninguém, mas depois surge a figura de **BILL**. Ele está bêbado.

BILL

Olha quem está aqui.

HYATT

Quem é você? É o guarda-noturno? Por favor, vá embora e não me perturbe de novo.

BILL

Não sou o guarda-noturno, mas estive espionando. Espionando você.

HYATT

O que quer dizer? Vá embora. (Levantando-se.) Vá embora, está me ouvindo?

BILL

Você não manda em mim. Para dizer a verdade, sou eu que mando aqui. (Tira sua arma e aponta para **HYATT**.) Sente-se.

HYATT

Não tenho nenhum dinheiro aqui, se é isso que você quer. Está tudo no banco. Eles levam todos os dias.

BILL

Eu mandei você *se sentar*.

HYATT

Quem é você?

BILL

Você matou meu irmão. Então acho que vou devolver o favor e matar você. Parece justo, não é? Então sou... seu executor.

HYATT

Do que você está falando? Não matei ninguém na minha vida. Deve ser algum equívoco.

BILL

Não tem erro. Você fez as bolas de bilhar que o mataram. Demorei um tempo para te encontrar, faz uns dez anos que ele foi morto... Mas aqui estou eu.

HYATT

Sim, ouvi falar de alguém que foi morto em um *saloon* enquanto jogava com as minhas bolas novas, mas foi um acidente. Não foi culpa minha. Eu não estava lá!

BILL

Foi sua culpa! Foi tudo culpa sua! *Cale a boca!* Vou acabar com toda essa loucura. (Aponta para a fábrica.) Isso não é natural – e foi por isso que meu irmão morreu. Você mexeu com a natureza... colocando seu estúpido material plástico em todos os lugares, fazendo todos acreditarem que é tão valioso quanto o marfim, ganhando dinheiro com o desejo das mulheres de se enfeitarem, enganando-as. Mas eu não. Você não vai me enganar com seus estúpidos dentes de plástico. Alguém precisa acabar com isso. E serei eu.

HYATT

Por favor! Por favor, não me mate. Por favor. Ouça-me, por favor. Esse material, esse plástico que você odeia, vai fazer mais por você e sua classe do que para qualquer outra pessoa. Está a ponto de imortalizar seu estilo de vida! Pode até torná-lo um tipo de deus – eu vi!

BILL

Do que você está falando? Mais besteira!

HYATT

O problema de torná-lo fotograficamente sensível foi resolvido! Fotografias móveis, não viu? Histórias contadas nas telas de prata. Heróis como você, caubóis lutando, vencendo o Oeste! Todo mundo está fazendo filas para vê-las nas cidades. Tudo por causa deste maravilhoso material transparente e flexível – não poderia ser feito com nada mais. A narrativa nunca mais será a mesma. Olhe, tenho um projetor aqui, estava colocando o filme. Deixe-me mostrar a você.

BILL

Não, é besteira, é tudo...

Surge uma luz atrás de **BILL**, e o barulho dos passos de um homem. Aparece o **GUARDA-NOTURNO**, carregando uma lanterna.

GUARDA-NOTURNO

Está tudo bem, Sr. Hyatt? Ouvi gritos.

BILL escapa, derrubando o **GUARDA-NOTURNO**, que cai ao chão. A lanterna se quebra e a chama alcança um balde de filme celuloide. **HYATT** e o **GUARDA-NOTURNO** tentam apagar o fogo, mas, com tanto material celuloide inflamável no balcão e nas caixas por perto, ele rapidamente foge do controle. Os dois escapam e só conseguem ficar olhando da rua enquanto toda a fábrica é destruída pelo fogo.

Notas para cena 8

A invenção do rolo de filme, que tornou possível o uso do plástico celuloide, levou diretamente à tecnologia do cinema. A ideia de que uma foto poderia ser "movida" ao se mostrarem sequencialmente pequenas mudanças na imagem já era conhecida havia centenas de anos, mas, sem um material transparente flexível, a única forma de realizar isso era usando os cilindros rotativos de um zootrópio. O celuloide mudou tudo, permitindo que uma sequência de fotografias fosse tomada em um rolo de filme e depois reproduzida rápido o suficiente para que a imagem parecesse se mover. Isso não só permitia uma sequência mais longa de movimentos mostrados do que com o zootrópio, como também a imagem móvel poderia ser projetada, tornando a experiência compartilhada com toda a audiência de um teatro. Essa foi a grande ideia dos irmãos Lumière, que levou ao estabelecimento do cinema.

A seguir, há uma foto de Wild Bunch, uma gangue de ladrões de trem liderada por Butch Cassidy, tirada em Fort Worth, Texas, em 1900. As façanhas da gangue tipificam o que pensamos como o Oeste Selvagem, uma época de foras da lei e violência, que carregava consigo o desenvolvimento de todos os tipos de tecnologias modernas, como trens, carros, aviões e, claro, plástico. Tais façanhas sem dúvida teriam caído na obscuridade se não fosse pelo filme de 1969, com Paul Newman como Butch Cassidy e Robert

Redford como Sundance Kid. Esse filme foi feito com celuloide, e, como muitos faroestes, imortalizou (e romanceou) uma forma de vida muito anterior.

Os plásticos que seguiram o celuloide, como Bakelite, nylon, vinil e silicone, foram construídos sobre seu poder criativo e também tiveram um impacto importante sobre nossa psique cultural. O Bakelite se tornou um substituto moldável para a madeira em uma época em que o telefone, o rádio e a televisão estavam sendo inventados e precisavam de um novo material para incorporar sua modernidade. A maciez do nylon dominou a indústria da moda, substituindo a seda como o material das meias das mulheres, e depois gerou uma nova família de tecidos, como Lycra e PVC, assim como um grupo de materiais chamados elastômeros, sem os quais todas as nossas roupas seriam folgadas e nossas calças cairiam. O vinil mudou a música, como a gravamos e como a ouvimos, no caminho criando as estrelas de rock. E o silicone – bem, o silicone transformou a imaginação em realidade criando uma forma plástica de cirurgia.

Sem o plástico, *Butch Cassidy* – e todos os outros filmes – nunca teriam existido; nem a matinê no cinema, nem o próprio cinema, e nossa cultura visual seria realmente muito diferente. Então, apesar de não ser fã do excesso de sacolas plásticas, espero ter mostrado que, se há um lugar no qual o envoltório de plástico para balas deveria sentir-se seguro e apreciado é, definitivamente, no cinema.

FIM.

7. Invisível

Em 2001, enquanto eu viajava pelas estradas vicinais da Andaluzia, na Espanha, experimentei um efeito visual inebriante. Estava passando por uma das muitas plantações de azeitona da região. Como as árvores estavam alinhadas com a estrada, eu via partes dos arvoredos movendo-se repetidamente em alinhamento perfeito, piscando como um velho filme mudo. Era como se as antigas oliveiras estivessem realizando um truque mágico para mim, a fim de aliviar o tédio e o calor grudento da viagem. Essas breves imagens, de uma linha após a outra de árvores se esticando aparentemente até o infinito, eram viciantes. Ficava olhando a estrada, e depois o truque, depois a estrada, depois o truque, até que bati em um trator.

Até hoje não tenho ideia de como ele apareceu na minha frente. Quando pisei no freio, fui lançado para fora do banco em direção ao para-brisa. Quando bati nele, lembro do momento de contato com o vidro, uma imagem congelada súbita e íntima quando ele se quebrava ao meu redor. Senti como se atingisse uma parede transparente de *cookies* de gengibre.

A areia é uma mistura de pequenos pedaços de pedra que caíram de pedaços maiores de rocha como resultado do vento e das ondas e outras coisas que as pedras precisam aguentar. Se você olhar de perto para um punhado de areia, vai descobrir que muitos desses pedaços de pedra são feitos de quartzo, dióxido de silício em forma de cristal. Há muito quartzo no mundo, porque os dois elementos químicos mais abundantes na crosta terrestre são oxigênio e silício, que reagem juntos para formar moléculas de dióxido de silício (SiO_2). Um cristal de quartzo é apenas um arranjo regular dessas moléculas de SiO_2, da mesma forma que um cristal de gelo é um arranjo regular de moléculas de H_2O, ou que o ferro é um arranjo regular de átomos de ferro.

Esquentar o quartzo dá às moléculas de SiO_2 energia e elas vibram, mas até chegarem a certa temperatura elas não terão energia suficiente para quebrar as conexões que mantêm com seus vizinhos. Essa é a essência de ser um sólido. Se você continuar esquentando, no entanto, suas vibrações acabarão chegando a um valor crítico – o ponto de derretimento – no qual terão energia suficiente para romper essas conexões e sair pulando bastante caoticamente, tornando-se SiO_2 líquido. Moléculas de H_2O fazem a mesma coisa quando os cristais de gelo são derretidos, tornando-se água líquida. Mas existe uma diferença muito importante entre os dois.

A diferença é que quando a água líquida é esfriada, como todos sabemos, os cristais se reagrupam com facilidade e criam gelo de novo. É quase impossível evitar que isso aconteça, na verdade: do gelo que entope seu freezer para a neve que cobre montanhas, todos são feitos de água líquida que se recongelou em cristais de gelo. É o padrão simétrico dessas moléculas de H_2O que conta para os padrões delicados dos flocos de neve. Você pode derreter e congelar água várias vezes e os cristais vão se formar novamente. Com o SiO_2, as coisas são diferentes. Quando esse líquido esfria, as moléculas de SiO_2 acham muito difícil formar novamente o cristal. É quase como se eles não pudessem se lembrar de como fazer: quais moléculas vão para onde, quem deveria vir atrás de quem, parece ser um problema difícil para as moléculas de SiO_2. Quando o líquido esfria, as moléculas de SiO_2 têm cada vez menos energia, reduzindo sua habilidade de se mover, o que compõe o problema: fica ainda mais difícil encontrar a posição certa na estrutura de cristal. O resultado é um material sólido que tem a estrutura molecular de um líquido caótico: um vidro.

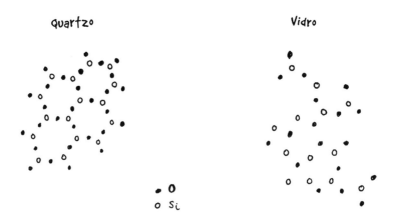

Uma diferença entre a forma cristalina da sílica (um cristal de quartzo) e a forma amorfa do vidro.

Como não conseguir formar um cristal é todo o necessário para criar o vidro, dá para pensar que seria algo bastante fácil. Mas não é. Acenda uma fogueira sobre as areias de um deserto e, com muito vento para ventilar as chamas, você pode conseguir aquecer bastante a ponto de derreter a areia e transformá-la em um líquido translúcido grudento. Quando esse líquido esfria, endurece e se transforma em vidro. Mas o vidro feito dessa forma vai conter, certamente, pedacinhos de areia que não derreteram. Vai ser marrom e cheio de flocos, quebrando com facilidade e voltando a ser parte do deserto.

Há dois problemas com essa técnica. O primeiro é que a areia não contém a combinação certa de minerais que fazem um bom vidro: a cor marrom é um mau sinal na química, uma dica de que você possui uma mistura de impurezas. Acontece o mesmo com as tintas: combinações aleatórias de cores não criam resultados puros; em vez disso você consegue tons cinza-amarronzados. Enquanto alguns aditivos, os chamados fundentes, como carbonato de sódio, encorajam a formação de vidro, a maioria não o faz. Infelizmente, apesar de ser em sua maioria quartzo, a areia também é feita de tudo o que o vento sopra em sua direção. O segundo problema é que, mesmo se a areia tiver a composição química correta, as temperaturas necessárias para derretê-la estão ao redor de 1.200 ºC, muito mais quentes do que qualquer fogo normal, que tende a estar na região dos 700-800 ºC.

Um raio poderia funcionar, no entanto. Quando um desses cai no deserto, cria temperaturas que excedem os 10.000 ºC, quentes o suficiente para derreter a areia, criando poços de vidro chamados fulguritos (a palavra vem do latim *fulgur*, que significa "raio"). Essas varas de vidro de material queimado se parecem estranhamente com as imagens de raios que os deuses do trovão, como o nórdico deus Thor, arremessavam quando sentiam raiva. São surpreendentemente leves, porque são ocas. Apesar de ásperas por fora, dentro são tubos lisos e ocos, formados quando o raio vaporiza a areia que encontra primeiro. Quando o calor é conduzido para fora desse buraco de entrada, ele derrete a areia, criando uma cobertura para o tubo. Mais para fora, as temperaturas são altas a ponto de ele se fundir com as partículas de areia, fazendo com que suas pontas fiquem mais ásperas. As cores dos fulguritos refletem a composição da areia da qual são formadas, variando de cinza-escuro a translúcida se criada em um deserto de quartzo. Podem ter até quinze metros e são frágeis, já que muito de seu volume é composto de areia levemente fundida. Até recentemente, eram vistas apenas como estranhas curiosidades. No entanto, como prendem bolhas de ar dentro de si quando se formam, fulguritos antigos fornecem aos cientistas que estudam o aquecimento global um registro importante dos climas do deserto de eras anteriores.

Em uma parte do deserto líbio, há uma área de areia branca excepcionalmente pura, composta quase inteiramente de quartzo. Procure nessa parte do deserto e você poderá encontrar uma forma rara de vidro que não se parece em nada com o fulgurito sujo,

Fulguritos encontrados no deserto líbio.

mas que possui, ao contrário, uma claridade parecida com uma joia de vidro moderna. Um pedaço desse vidro de deserto forma a parte central de um escaravelho decorativo encontrado no corpo mumificado de Tutancâmon. Sabemos que esse vidro do deserto não foi feito pelos antigos egípcios porque recentemente foi estabelecido que ele tem 26 milhões de anos. O único vidro parecido que conhecemos é o vidro Trinitite, o vidro formado na área do teste nuclear de Trinity em 1945, em White Sands, Novo México. Como não houve nenhuma bomba nuclear no deserto líbio há 26 milhões de anos, a atual teoria é que as temperaturas extremamente altas necessárias para criar este vidro opticamente tão puro devem ter sido produzidas pela liberação de energia criada pelo impacto de um meteoro.

Então, sem a ajuda de um meteoro e de explosões nucleares, como se faz o tipo de vidro que reconhecemos em nossas janelas, em óculos ou em copos?

Um escaravelho decorativo encontrado no corpo mumificado de Tutancâmon, com vidro do deserto no centro.

Apesar dos avanços de egípcios e gregos na fabricação de vidro, foram os romanos que realmente colocaram esse material no dia a dia. Foram eles que descobriram os efeitos benéficos do fundente, no caso deles um fertilizante mineral chamado natrão, uma forma de carbonato de sódio que ocorre naturalmente. Com ele, os romanos conseguiam fazer vidro transparente a uma temperatura muito mais baixa do que seria necessário para derreter o quartzo puro. Nos poucos locais onde havia os materiais primários e o combustível para fornalhas de alta temperatura, eles manufaturavam muito vidro e depois o transportavam pelo Império Romano usando sua vasta infraestrutura de comércio, fornecendo-o aos artesãos locais, que o transformavam em objetos funcionais. Nada disso era revolucionário; já tinha sido feito antes, mas ao barateá-lo, de acordo com Plínio, eles colocavam o vidro ao alcance dos cidadãos comuns.

O amor romano pelo vidro como material é talvez mais bem demonstrado por seus novos e criativos usos. Por exemplo, eles

DE QUE SÃO FEITAS AS COISAS

inventaram a janela de vidro (a palavra significa "olho do vento"). Antes dos romanos, as janelas eram abertas ao vento, e mesmo com portinholas de madeira ou cortinas de tecido para evitar a entrada do vento e da chuva excessivos, a ideia de que um material transparente seria capaz de fornecer proteção completa foi revolucionária. É preciso reconhecer que suas janelas de vidro eram pequenas e fundidas com chumbo, porque eles não tinham a tecnologia para fazer grandes painéis de vidro, mas começaram nossa obsessão pelo uso arquitetônico do vidro, em crescimento ainda hoje.

Até o desenvolvimento do vidro transparente, os espelhos eram simplesmente superfícies de metal polidas para brilhar. Os romanos perceberam que a adição de uma camada de vidro transparente protegeria essa superfície metálica de riscos e da corrosão enquanto, ao mesmo tempo, permitiriam que reduzisse a superfície metálica para ficar da espessura de um milímetro. Isso reduziu tremendamente os custos do espelho e aumentou sua eficiência e longevidade, e continua sendo a base de quase todos os espelhos hoje.

A inovação dos romanos na tecnologia do vidro não parou por aí. Até o século I, quase todos os vidros eram transformados em objetos por meio do derretimento e da colocação em um molde. Isso funcionava muito bem para objetos de vidro brutos, mas exigia enorme habilidade para fazer algo mais delicado. Fazer uma taça de vinho com bordas finas, por exemplo, exigia um molde com uma cavidade fina, mas era difícil fazer com que o vidro derretido, grosso e grudento, entrasse nele. Os romanos notaram, no entanto, que o vidro sólido poderia se comportar como um plástico se ficasse bastante quente. Usando pinças metálicas, eles podiam empurrá-lo para todos os tipos de formatos antes que esfriasse. Poderiam até soprar ar dentro enquanto estava bastante quente, e quando esfriasse, se tornaria uma bolha sólida perfeita. Ao desenvolver essa técnica de soprar o vidro, eram capazes de criar taças de vidro finas, com uma delicadeza e uma sofisticação que o mundo nunca tinha visto antes.

Até essa época, os copos tinham sido opacos, feitos de metal, chifre ou cerâmica. A apreciação do vinho baseava-se somente no seu gosto. A invenção das taças significou que a cor, a transparência e a claridade do vinho se tornaram importantes, também. Estamos acostumados a ver o que bebemos, mas isso era novo para os romanos, e eles adoraram.

Mesmo que as taças de vinho dos romanos tenham sido o auge da sofisticação técnica e cultural de sua época, comparadas com as taças modernas elas eram toscas. O principal problema delas era que estavam cheias de bolhas. Isso não era apenas um problema estético. Enfraquecia muito o vidro. Sempre que um material experimenta estresse mecânico, o que pode ser causado por qualquer coisa, de bater em outra taça a cair acidentalmente no chão, ele absorve a força ao dispersá-la de um átomo para outro, reduzindo a força total que cada átomo individual precisa absorver. Qualquer átomo que não consegue aguentar a força sendo imposta sobre ele será arrancado de sua posição no material, causando uma rachadura. Onde existir uma bolha ou rachadura, os átomos têm menos átomos vizinhos para mantê-los no lugar e com o qual compartilhar a força, e assim esses átomos estão mais propensos a serem arrancados de sua posição. Quando um vidro se quebra, é porque a força é tão grande que ocorre uma reação em cadeia dentro do material, com a falha de cada átomo causando uma falha no seu vizinho. Quanto maior a força, menor a bolha ou rachadura necessária para iniciar a reação em cadeia. Ou, para colocar de outra maneira, grandes bolhas na sua taça de vinho significam que ela não será capaz de aguentar muito impacto.

A extrema fragilidade do vidro poderia explicar por que criar vidro demorou tanto para ser retomado depois dos romanos, ape-

DE QUE SÃO FEITAS AS COISAS

sar do progresso deles. Os chineses sabiam como fazer vidro e até fizeram comércio com o vidro romano, mas não o desenvolveram. Isso é bastante surpreendente, pois o domínio de materiais pelos chineses era muito superior ao do Ocidente mesmo mil anos após o colapso do Império Romano. Os chineses eram especialistas em papel, madeira, cerâmica e metais, mas ignoraram o vidro.

Em contraste, no Ocidente, a moda de taças de vinho nutriu respeito e apreciação pelo vidro, que, no final, teve um profundo impacto cultural. Na Europa, e especialmente no norte, mais frio, vidraças transparentes à prova de água, que deixam a luz entrar, mas mantêm os elementos fora, eram uma tecnologia muito importante para ser ignorada. No começo, apenas dava para fazer pequenos painéis de vidro que tinham uma pureza suficiente e consistência para não estilhaçar, mas eles podiam ser unidos para formar janelas maiores usando o chumbo. Até podiam ser pintados com verniz. Janelas com vidro colorido e vitrais se tornaram um meio de expressar riqueza e sofisticação, mudando completamente a arquitetura das catedrais europeias. Com o tempo, os artesãos fazendo vitrais para catedrais ganharam status tão alto quanto os pedreiros que cortavam as pedras, e na Europa floresceu essa nova arte da vitrificação.

O desdém pelo vidro no Oriente durou até o século XIX. Antes disso, os japoneses e chineses confiavam no papel para as janelas de seus edifícios, um material que funcionava muito bem, mas que tinha como resultado uma arquitetura diferente. A falta de tecnologia de vidro no Oriente significou que, apesar de sua sofisticação técnica, eles nunca inventaram nem o telescópio, nem o microscópio, e só tiveram acesso a esses materiais quando foram levados por missionários ocidentais. Se foi a falta desses dois instrumentos ópticos cruciais que evitou que os chineses capitalizassem sobre sua superioridade tecnológica e instigassem uma revolução científica, como aconteceu no Ocidente no século XVII, é algo impossível de dizer. O que é certo, no entanto, é que sem o telescópio, não dá para ver que Júpiter tem luas, ou que Plutão existe, ou fazer medidas astronômicas que sustentem nossa compreensão moderna do universo. Da mesma forma, sem o microscópio, é impossível ver células como bactérias e estudar sistematicamente o mundo microscópico, que foi essencial para o desenvolvimento da medicina e da engenharia.

Então, por que o vidro tem essa propriedade aparentemente milagrosa da transparência? Como é que a luz pode viajar através desse material sólido enquanto a maioria dos outros materiais não permite isso? Afinal, o vidro contém todos os mesmos átomos que formam um punhado de areia. Por que, na forma da areia, eles deveriam ser opacos, e na forma de vidro, transparentes e capazes de fazer a luz se curvar?

O vidro é feito de átomos de silício e oxigênio, assim como alguns outros elementos. Dentro de cada átomo há um núcleo central, que contém prótons e nêutrons, cercados por um número variado de elétrons. O tamanho do núcleo e o número de elétrons individuais são pequenos quando comparados com o tamanho total de um átomo. Se um átomo fosse do tamanho de um estádio de atletismo, o núcleo seria do tamanho de uma ervilha no seu centro, e os elétrons seriam do tamanho de grãos de areia nas tribunas ao redor. Assim, dentro de todos os átomos – e, na verdade, de toda a matéria – há uma grande quantidade de espaço vazio. Isso sugere que deveria existir muito espaço para a luz viajar através de um átomo sem bater nem nos elétrons, nem no núcleo. E realmente existe. Então a verdadeira pergunta não é "Por que o vidro é transparente?", mas "Por que todos os materiais não são transparentes?".

Dentro de um estádio atômico, para continuar a analogia, os elétrons só podem habitar certas partes da tribuna. É como se a

DE QUE SÃO FEITAS AS COISAS

Desenho de um átomo mostrando que é formado basicamente por espaço livre.

maioria das cadeiras tivesse sido removida e sobrassem apenas poucas fileiras, com cada elétron restrito a uma fileira. Se um elétron quer fazer um *upgrade* para uma fileira melhor, precisa pagar mais – a moeda aqui é a energia. Quando a luz passa por um átomo, fornece uma explosão de energia, e se a quantidade de energia fornecida for suficiente, um elétron vai usar essa energia para mudar para uma cadeira melhor. Ao fazer isso, ele absorve a luz, evitando que ela passe pelo material.

Mas existe uma pegadinha. A energia da luz precisa combinar exatamente com a exigida pelo elétron para sair da cadeira em que está para outra na fileira disponível. Se for muito pequena ou, colocando de outra maneira, se não existirem cadeiras disponíveis na fileira acima (quer dizer, a energia necessária para chegar a ela é muito grande), então o elétron não pode fazer o *upgrade* e a luz não será absorvida. Essa ideia de elétrons que não são capazes de se mover entre filas (ou estados de energia, como são chamados) a menos que a quantidade de energia seja exatamente a exigida pelo elétron constitui a teoria que governa o mundo atômico, chamada mecânica quântica. Os espaços entre as filas correspondem a quantidades específicas de energia, ou *quanta*. A forma como esses *quanta* são organizados no vidro é tal que se mover para uma fileira livre exige muito mais energia do que é disponível na luz visível. Consequentemente, a luz visível não tem energia suficiente para permitir que os elétrons façam o *upgrade* de suas cadeiras e não tem escolha a não ser passar direto para os átomos. É por isso que o vidro é transparente. Luz com energia maior, por outro lado, como a UV, pode fazer *upgrade* dos elétrons no vidro para cadeiras melhores, e assim o vidro é opaco para a luz UV. É por isso que não dá para se bronzear através do vidro, já que a luz UV não chega à pele. Materiais opacos como madeira e pedra possuem muitas cadeiras baratas disponíveis, e assim a luz visível e os raios UV são facilmente absorvidos por eles.

Mesmo que a luz não seja absorvida pelo vidro, mover-se pelo interior de um átomo ainda a afeta, diminuindo sua velocidade até ela ressurgir do outro lado do vidro, quando volta a aumentar de velocidade. Se a luz atinge um ângulo do vidro, partes diferentes da luz vão entrar nele e emergir dele em momentos diferentes, forçando-as a viajar momentaneamente em velocidades um pouco diferentes. Essa diferença momentânea é o que faz a luz se curvar, ou refratar, e é isso que faz com que as lentes ópticas sejam possíveis, com a curvatura do vidro resultando em diferentes ângulos de refração em pontos diferentes da sua superfície. Controlar a curvatura do vidro significa que podemos ampliar imagens, o que permite construir telescópios e microscópios, e, para aqueles que usam óculos, enxergar.

DE QUE SÃO FEITAS AS COISAS

Também, e talvez seja o mais fundamental, permite transformar a luz em um objeto de experimentação. Ao longo dos séculos, todos os fabricantes de vidro devem ter notado que o vidro poderia criar pequenos arco-íris nas paredes quando a luz do sol atingia ângulos particulares, mas ninguém conseguia explicar a causa, exceto, falando o óbvio, que as cores eram de alguma forma geradas dentro do vidro. Foi só em 1666 que o cientista Isaac Newton percebeu que o que era absurdamente óbvio estava totalmente errado e explicou de verdade.

O momento genial de Newton foi notar que um prisma de vidro não só transformava a luz "branca" em uma mistura de cores, mas poderia também reverter o processo. A partir disso, ele deduziu que todas as cores criadas por um pedaço de vidro já estavam na luz em primeiro lugar. Todas viajavam o caminho todo desde o sol como um raio de luz misturada, só para serem separadas quando atingiam o vidro. O mesmo aconteceria se tivessem atingido uma gota de água, já que também era transparente. Com um golpe, Newton, pela primeira vez na história, conseguiu explicar as principais características do arco-íris.

A explicação satisfatória de um fenômeno atmosférico usando um experimento no laboratório mostrou o poder do raciocínio científico. Também mostrou o papel do vidro como cúmplice do laboratório para descobrir os mistérios do mundo. Esse papel não estava limitado à óptica. A química foi transformada pelo vidro talvez mais que qualquer outra disciplina. Você só tem que ir a qualquer laboratório químico para ver que a transparência e a inércia do material fazem com que seja perfeito para misturar elementos químicos e monitorar o que eles fazem. Antes do nascimento dos tubos de teste de vidro, reações químicas eram realizadas em béqueres opacos, então era difícil ver o que estava acontecendo. Com o vidro, e especialmente com um novo vidro chamado

Pyrex, imune a choques térmicos, a química, como uma disciplina sistemática, realmente avançou.

O Pyrex é um vidro com óxido de boro acrescentado à mistura. Essa é outra molécula que, como o dióxido de silício, tem dificuldade em formar cristais. Mais importante, como um aditivo, ele se contrapõe à tendência do vidro de se expandir quando aquecido ou se contrair quando resfriado. Quando as partes diferentes de um pedaço de vidro estão em diferentes temperaturas, expandindo-se e contraindo-se em níveis diferentes, o estresse cresce dentro do material quando áreas diferentes do vidro começam a exercer pressão uma contra a outra. Esse estresse crescente causa rachaduras e, no final, estilhaçam o vidro. Se isso acontece em um vasilhame contendo ácido sulfúrico fervente, esse fracasso pode mutilar ou matar. A descoberta do vidro borossilicato (Pyrex é marca registrada) acaba com a expansão térmica e o estresse associado a ela, permitindo que os químicos esquentassem ou esfriassem seus experimentos como quisessem, concentrando-se na química e não nos perigos potenciais do choque térmico.

Essa descoberta também permitiu criar tubos de vidro curvos dentro do laboratório somente com a ajuda de um maçarico e construir complexos equipamentos químicos, como vasilhames de destilação e recipientes herméticos para gás, muito mais facilmente. Gases poderiam ser coletados, líquidos poderiam ser controlados, reações químicas podiam fazer o que quisessem. O equipamento de vidro foi a "mão na roda" do mundo da química – tanto que todo profissional do laboratório tinha uma cana de sopro (instrumento usado pelo soprador de vidro) em sua casa. Quantos Prêmios Nobel esse material tornou possível? Quantas invenções modernas começaram a vida em um tubo de ensaio?

Se o relacionamento entre a tecnologia do vidro e a revolução científica do século XVII é um simples caso de causa e efeito, é uma

DE QUE SÃO FEITAS AS COISAS

questão aberta. Parece mais provável que o vidro seja mais uma condição necessária do que a razão para ela. No entanto, não há dúvida de que o vidro foi amplamente ignorado no Oriente por mil anos, e, durante esse tempo, revolucionou um dos costumes mais apreciados da Europa.

Enquanto o vidro já era usado pelos ricos para beber vinho havia centenas de anos, a maioria das cervejas até o século XIX era bebida em vasilhames opacos como canecas de cerâmica, peltre ou madeira. Como a maioria das pessoas não conseguia ver a cor do líquido que bebia, presumivelmente não importava muito como se pareciam essas cervejas, só como era o gosto delas. No geral, elas eram marrom-escuras. Então, em 1840, na Boêmia, uma região da atual República Tcheca, foi desenvolvido um método para produzir vidros em massa, que se tornou barato o suficiente para servir cerveja em vidro a todos. Como resultado, as pessoas conseguiam ver pela primeira vez como eram suas cervejas, e geralmente não gostavam do que estavam vendo: as mais fermentadas não eram apenas variáveis no gosto, mas na cor e na claridade também. Apenas dez anos depois uma nova cerveja foi desenvolvida em Pilsen, usando levedura para fermentar por baixo. Era mais leve na cor, clara e dourada, tinha bolhas como champanhe – foi a lager. Essa era uma cerveja para ser bebida com os olhos tanto quanto com a boca, e essas lagers douradas e leves continuaram a tradição desde então, tendo sido criadas para serem servidas em copos. Como é irônico, então, que tanta lager seja bebida a partir de uma lata de metal opaco, e que a única cerveja identificável por sua aparência visual seja o epítome de opacidade, uma cerveja na tradição do velho pré-vidro: a Guinness.

O movimento para servir cerveja em vidro teve outro efeito colateral inesperado. De acordo com o governo do Reino Unido, mais de cinco mil pessoas são atacadas com vidros e garrafas a cada ano, custando aos serviços de saúde mais de £ 2 bilhões para reparar cirurgicamente os feridos. Apesar de muitos materiais plásticos alternativos para servir cerveja em bares e pubs terem sido testados, materiais transparentes e duros, nunca ganharam aceitação. Beber cerveja em um copo plástico é uma experiência completamente diferente da de beber em um copo de vidro. O plástico não só tem um gosto diferente, mas também tem uma condutividade térmica mais baixa, uma propriedade que o torna mais quente que o vidro, reduzindo a satisfação de beber uma cerveja fria. O plástico também é muito mais mole que o vidro, e assim os copos de plástico de cerveja logo ficam manchados, riscados e opacos. Isso esconde a claridade da cerveja, mas também afeta nossa percepção da limpeza do vasilhame. Uma das grandes atrações do vidro é que sua aparência brilhante faz com que pareça limpo mesmo se não estiver, um engano coletivo que todos nós aceitamos para evitar pensar muito sobre usar o mesmo vidro que esteve em uma boca estranha talvez somente uma hora antes. Criar plásticos que sejam duros o suficiente para aguentar riscos é um grande objetivo da ciência de materiais. Essa descoberta poderia, então, ser usada para fazer janelas mais leves para aviões, trens e carros, e telas mais leves para celulares, mas até agora parece completamente fora de alcance. Enquanto isso, encontramos outra solução para o problema: em vez de substituir o vidro, torná-lo mais seguro.

Tal vidro é chamado vidro temperado e foi inventado pela indústria automobilística para reduzir os ferimentos causados pelos cacos de vidro nas batidas de carros. A origem científica do vidro temperado é encontrada em uma famosa curiosidade da década de 1640, conhecida como "gotas do Príncipe Rupert". São pedaços de vidro em formato de gotas de lágrimas que podem aguentar intensa pressão em seu acabamento arredondado, mas, se receberem um golpe, mesmo fraco, no outro lado, explodem. As gotas do Príncipe Rupert são simples de obter: tudo que se precisa fazer é deixar cair um pequeno pedaço de vidro derretido na água. O

DE QUE SÃO FEITAS AS COISAS

esfriamento extremo e rápido da parte externa da gota coloca as camadas superficiais do vidro em um estado de compressão mecânica. Todo o vidro aqui está pressionando a si mesmo, e, como resultado, é muito difícil formar rachaduras, pois o estresse da compressão está sempre empurrando as laterais das rachaduras de volta a se unirem. Isso tem o efeito de fortalecer a parte externa do vidro a ponto de a gota de vidro poder, incrivelmente, aguentar até um golpe de martelo.

No entanto, para manter esse estresse comprimido na sua superfície, as leis da física exigem um estresse igual e oposto "extensível" em seu interior. Como resultado, os átomos no meio da gota estão em um estado de alta tensão: estão sempre sendo empurrados um pelo outro. São, com efeito, como uma pequena explosão esperando para começar. Se a compressão de superfície se torna um pouco desequilibrada – algo que pode ser conseguido fazendo um pequeno furo na ponta da gota –, acontece uma reação em cadeia através de todo o material, com todos os átomos em tensão estalando de volta no lugar, e o material explode em incontáveis pequenos caquinhos. Esses cacos ainda são afiados o suficiente para cortar, mas são pequenos o suficiente para não causar nenhum grande dano. Conseguir que os para-brisas se comportem de uma maneira similar foi só questão de encontrar um método para esfriar o lado externo do vidro rápido o suficiente para criar o estado de compressão encontrado nas gotas do Príncipe Rupert. O material resultante salvou incontáveis vidas em acidentes de carro, em que ele se dissolveu, tipicamente, em milhões de pequenos caquinhos.

Com o tempo, o vidro ficou ainda mais seguro. O para-brisa no qual bati na Espanha era feito da última geração de vidro de segurança, chamado vidro laminado. Sabia disso porque, apesar de se romper da mesma maneira que as gotas do Príncipe Rupert, os fragmentos do para-brisa se mantiveram juntos em uma peça única enquanto os dois fizemos nossa jornada pelo capô do carro até o asfalto.

Essa nova geração de vidro temperado tem uma camada de plástico no meio, que age como uma cola mantendo todos os cacos de vidro juntos. Essa camada, conhecida como um laminado, também é o segredo por trás dos vidros à prova de balas, que usam essencialmente a mesma tecnologia com várias camadas de plástico embutidas em intervalos dentro do vidro. Quando uma bala atinge esse material, a camada mais externa do vidro estilhaça, absorvendo um pouco da energia da bala e arrancando sua ponta. A bala precisa, então, empurrar os cacos de vidro através da camada de plástico que está por baixo, que flui como um melado duro, espalhando a força por uma área mais ampla que o ponto de impacto. Assim que passa por essa camada, a bala sem ponta encontra outra camada de vidro e o processo recomeça.

Quanto mais camadas de vidro e plástico existirem, mais energia o vidro à prova de balas consegue absorver. Uma camada de vidro laminado vai parar uma bala de revólver 9 milímetros, três camadas vão parar uma bala de Magnum .44, oito camadas vão impedir que uma pessoa com um rifle AK-47 mate você. Claro, não faz muito sentido ter uma janela à prova de balas se você não conseguir ver nada, então o verdadeiro desafio não está tanto nas camadas de materiais, mas na combinação do índice de refração do plástico com o do vidro, assim a luz não é muito distorcida quando viaja de um para o outro.

Esse vidro de segurança tecnologicamente sofisticado é mais caro de produzir, mas é cada vez mais um preço que estamos preparados a pagar para desfrutar de seus benefícios. O material está aparecendo em todos os lugares, não apenas em carros, mas em cidades modernas que se tornam cada vez mais palácios de vidro. No verão de 2011, ocorreram protestos violentos em muitas cida-

DE QUE SÃO FEITAS AS COISAS

des do Reino Unido. Vendo a cobertura pela TV, não pude deixar de notar uma diferença entre esses e outros protestos que tinha visto no passado: ocasionalmente os participantes eram incapazes de quebrar os vidros porque muitas lojas tinham instalado vidros temperados. Essa tendência provavelmente vai aumentar, as lojas usando vidros não apenas para mostrar seus produtos, mas para protegê-los também. Esse mesmo vidro temperado foi proposto como o material para novos copos de cerveja seguros, que acabariam com o uso indevido do vidro como arma em bares e pubs.

Agora é impossível imaginar uma cidade moderna sem vidro. Por outro lado, esperamos que nossos edifícios nos protejam do clima: é para isso que existem, afinal. E mesmo assim, quando enfrentamos a perspectiva de um novo lar ou lugar de trabalho, uma das primeiras questões que as pessoas fazem é: tem bastante luz natural? Os edifícios de vidro que crescem todo dia em uma cidade moderna são a resposta da engenharia a esses desejos conflituosos: estar ao mesmo tempo protegido do vento, do frio e da chuva, estar seguro de intrusos e ladrões, mas não viver na escuridão. A vida que levamos dentro de prédios, que para muitos de nós é a vasta maioria do nosso tempo, torna-se mais leve e prazerosa por causa do vidro. As janelas de vidro significam que estamos dispostos a negociar, e que será algo honesto e aberto – uma loja sem uma vitrine praticamente não é uma loja.

Esse material é muito importante para como nos vemos. Você pode ser capaz de se ver refletido em uma superfície metálica brilhante ou na água, mas para a maioria foi o espelho de vidro que se tornou o árbitro final e íntimo de nossa autoimagem. Até fotografias e representações em vídeo são mediadas pelas lentes de vidro.

Sempre falamos que há poucos lugares na Terra que ainda precisam ser descobertos. Mas aqueles que dizem isso normalmente estão se referindo aos lugares que existem na escala humana. Leve uma lente de aumento para qualquer parte da sua casa e vai encontrar um novo mundo a explorar. Use um microscópio poderoso e vai encontrar outro, completo, com um zoológico de organismos vivos e uma natureza fantástica. Alternativamente, use um telescópio e um universo de possibilidades vai se abrir na sua frente. As formigas constroem cidades na escala delas, e as bactérias também. Não há nada especial em nossa escala, em nossas cidades, nossa civilização, exceto que temos um material que permite transcender nossa escala – esse material é o vidro.

Mas não sentimos um grande amor pelo material que tornou isso possível. As pessoas não tendem a criar músicas sobre o vidro da mesma forma que fazem sobre, digamos, um chão de madeira ou uma estação de trem feita de ferro. Não passamos nossas mãos pelo mais recente painel de vidro duplo nem admiramos a sensualidade desse material. Talvez seja porque, em sua forma mais pura, é um material aparentemente sem características: liso, transparente e frio. Não são qualidades humanas. As pessoas tendem a se relacionar mais com vidros coloridos, intrincados, delicados ou simplesmente deformados, só que esses raramente são funcionais. O vidro mais eficiente, a coisa com a qual construímos nossas cidades modernas, é plano, grosso e perfeitamente transparente, mas é o menos agradável, o menos conhecido: o mais invisível.

Mesmo com sua considerável importância em nossa história e em nossas vidas, o vidro de alguma forma não conseguiu ganhar nossa afeição. Quando quebramos uma janela, é algo chocante, chato e, no caso do meu acidente de carro espanhol, doloroso; mas não sentimos que quebramos algo que é intrinsecamente valioso. Nessas situações, nos preocupamos com nossa saúde, mas o vidro pode ser substituído. Talvez seja porque olhamos *por* ele em vez

DE QUE SÃO FEITAS AS COISAS

de *para* ele que o vidro não tenha se tornado parte dos materiais importantes de nossas vidas. A mesma coisa que valorizamos também é ignorada em nossas afeições: é inerte e invisível, não apenas óptica, mas culturalmente.

8. Inquebrável

DE QUE SÃO FEITAS AS COISAS

A primeira vez que fui a uma aula de arte, o professor, um homem chamado Barrington, nos contou que tudo que podíamos ver era feito de átomos. Tudo. E se pudéssemos entender isso, poderíamos começar a ser artistas. A sala ficou em silêncio. Ele fez perguntas, mas todos estávamos meio tontos, pensando se estávamos na classe certa. Ele continuou sua introdução à arte segurando seu lápis e começando a desenhar um círculo perfeito no pedaço de papel que tinha grudado na parede. Houve uma animação geral e suspiros de alívio dos alunos. Talvez estivéssemos em uma aula de arte, afinal.

"Acabei de transferir átomos do lápis para o papel", ele observou. Então falou sobre as maravilhas do grafite como material de expressão artística. "É importante notar", ele continuou, "que apesar de o diamante ser reverenciado culturalmente como a forma superior de carbono, é, na verdade, incapaz de expressar profundidade e, ao contrário do grafite, não se faz boa arte com o diamante." O que ele pensava sobre a caveira com um diamante encrustado de Damien Hirst, *For the Love of God*, avaliada em £50 milhões, era algo que eu podia imaginar.

Mas ao descrever o relacionamento entre as duas formas de carbono, diamante e grafite, como rivais, ele estava bastante correto. A batalha entre o grafite escuro, expressivo e utilitário, por um lado, e o diamante sublime, frio, duro e cintilante, por outro, acontece desde a Antiguidade. Em termos de valor cultural, o diamante venceu há muito tempo, mas isso está a ponto de mudar. Uma nova compreensão da estrutura interna do grafite transformou-o em uma fonte de fascinação.

Trinta anos depois da minha introdução ao grafite por meu professor de arte, conheci o professor Andre Geim, um dos maiores especialistas em carbono, em seu escritório iluminado com luz fluorescente no terceiro andar do Departamento de Física da Universidade de Manchester. Gostaria de poder falar que, como

Barrington, ele também só usava grafite para se expressar, mas quando abriu a gaveta de sua mesa, vi que estava cheia de canetas esferográficas e marcadores para quadro-negro. Com seu forte sotaque russo, Andre falou, "Não existe um círculo perfeito, Mark", deixando-me um pouco inseguro se ele tinha entendido o que eu tinha falado. Então tirou de uma gaveta uma pequena pasta de couro vermelho e falou: "Dê uma olhada nisso enquanto eu faço café".

Dentro da pasta havia um disco de ouro puro do tamanho de um biscoito, decorado com o retrato em alto-relevo de um homem. Enquanto sentia o peso do disco na minha mão descobri que era quase obscenamente metálico: o ouro é o creme gorduroso do mundo dos metais. Fiquei desapontado pela decadência do material. O homem representado era Alfred Nobel, e a inscrição na medalha anunciava ao mundo que a equipe de Andre Geim tinha recebido o Prêmio Nobel de 2010 de Física por seu inovador trabalho com grafeno, uma versão bidimensional do grafite e uma maravilha do mundo dos materiais. Enquanto esperava a volta de Andre com o café, fiquei pensando em sua resposta críptica. Talvez estivesse sugerindo que, apesar de seus últimos dez anos de pesquisa sobre carbono terem sido circulares, ele não havia terminado onde começou.

O carbono é um átomo leve com seis prótons e normalmente seis nêutrons em seu núcleo. Às vezes contém oito nêutrons, mas dessa forma, conhecido como carbono-14, o núcleo atômico é instável, e assim os elementos se soltam através da decadência radioativa. Como essa taxa de decadência é consistente durante longos períodos de tempo, e como essa forma de carbono aparece em muitos materiais, medir sua presença em um material permite que encontremos a idade desse material. Esse método científico,

DE QUE SÃO FEITAS AS COISAS

conhecido como datação por carbono, jogou mais luz do que qualquer outro método sobre nosso passado. As verdadeiras idades de Stonehenge, o Sudário de Turim e os Manuscritos do Mar Morto foram todos revelados por esse tipo de carbono.

Tirando a radioatividade, o núcleo exerce um papel secundário no carbono. Em termos de todas essas outras propriedades e comportamentos, são os seis elétrons que cercam e protegem o núcleo que são importantes. Dois desses elétrons estão profundamente embutidos na parte interna perto do núcleo e não possuem nenhum papel na vida química do átomo – sua interação com outros elementos. Isso nos deixa quatro elétrons, que formam a camada mais externa, que são ativos. São esses quatro elétrons que fazem a diferença entre o grafite de uma lapiseira e o diamante de um anel de noivado.

A coisa mais simples que um átomo de carbono pode fazer é compartilhar cada um desses quatro elétrons com outro átomo de carbono, formando quatro ligações químicas. Isso resolve o problema de seus quatro elétrons ativos: cada elétron se une a um elétron correspondente, pertencente a outro átomo de carbono. A estrutura de cristal produzida é extremamente rígida. É um diamante.

O maior diamante já descoberto está localizado na Via Láctea, na constelação de Serpens Cauda, onde está orbitando uma estrela pulsar chamada PSR J1719–1438. É um planeta inteiro, cinco vezes o tamanho da Terra. Diamantes na Terra são minúsculos em comparação, sendo que o maior já encontrado aqui é do tamanho de uma bola de futebol. Extraído da mina Cullinan na África do Sul, foi dado de presente ao Rei Edward VII, em 1907, em seu aniversário, e agora é parte das joias da coroa da monarquia britânica. Esse diamante foi formado muito abaixo da superfície da Terra, a uma profundidade de aproximadamente trezentos quilômetros, onde, durante bilhões de anos, as altas temperaturas e pressões converteram uma rocha de carbono de bom tamanho em um enorme diamante. O diamante foi

A estrutura de cristal de um diamante.

então, provavelmente, carregado para a superfície de nosso planeta durante uma erupção vulcânica, onde ficou inerte e tranquilo por milhões de anos até ser descoberto debaixo da terra.

Eu sempre era levado a museus quando era criança, para o nacional disso ou daquilo, e sem exceção ficava entediado em todos eles. Tentei fazer o que os adultos faziam e caminhava em silêncio ou ruminando na frente de uma pintura ou escultura, mas não funcionava para mim. Não entendia nada. Era muito diferente quando visitávamos as joias da coroa. Eu ficava encantado desde que entrava. Era uma verdadeira caverna de Aladim. O ouro e as joias pareciam falar uma linguagem fundamental para mim, mais fundamental do que a arte, mais primitiva. Era tomado por um sentimento parecido com a devoção religiosa. Olhando para trás, acho que essa experiência não tinha a ver com gostar de riqueza, mas era minha reação a ser exposto pela primeira vez a uma forma pura de materialidade. Havia uma grande quantidade de pessoas na frente do diamante Grande Estrela da África (como a maior gema do diamante Cullinan foi chamada depois de ser lapidada). Uma mera olhada nesse diamante foi suficiente para nunca esquecê-lo, mesmo do meu ponto de vista – debaixo da axila de um

DE QUE SÃO FEITAS AS COISAS

homem gigante usando uma camisa de lenhador suada e atrás de uma mulher indiana desaprovadora. A presença da senhora indiana era apropriada, descobri depois na enciclopédia do meu pai, já que a Índia tinha sido a única fonte de diamantes até a metade do século XVIII, quando foram descobertos em outras partes do mundo, principalmente na África do Sul.

Cada diamante é, na verdade, um único cristal. Em um diamante típico existem aproximadamente um milhão de bilhão de bilhão de átomos (1.000.000.000.000.000.000.000.000), perfeitamente organizados e montados nessa estrutura de pirâmide. E essa estrutura é a responsável por suas incríveis propriedades. Nessa formação, os elétrons são trancados em um estado extremamente estável, e é isso que dá sua forma lendária. Também é transparente, mas com uma alta dispersão óptica bastante incomum, o que significa que espalha a luz que entra em suas cores constituintes, resultando em seu brilhante arco-íris cintilante.

A combinação de dureza extrema e brilho óptico faz dos diamantes pedras preciosas quase perfeitas. Por causa de sua dureza, virtualmente nada pode riscá-los, e assim mantêm sua forma facetada perfeita, além de possuírem um brilho puro não só durante toda a vida do seu dono, mas durante os anos de uma civilização – através da chuva ou do sol, seja usado durante uma tempestade de areia, levado para caminhar por uma selva, ou simplesmente lavado com água. Mesmo na antiguidade os diamantes eram conhecidos como os materiais mais duros do mundo. A palavra *diamante* deriva do grego *adamas,* significando "inalterável" ou "inquebrável".

Levar o diamante Cullinan de volta para a Grã-Bretanha significou um enorme desafio de segurança para seus donos, já que a descoberta do maior diamante bruto tinha sido publicada em todos os jornais. Famosos criminosos como Adam Worth, a inspiração para o nêmesis de Sherlock Holmes, Moriarty, que já tinha conseguido roubar todo um carregamento de diamantes, era visto como uma ameaça real. No final, foi criado e executado um plano digno de Sherlock Holmes. Uma pedra isca foi despachada em um barco a vapor sob forte segurança enquanto o verdadeiro foi enviado pelo correio em uma caixa de madeira simples. O truque funcionou precisamente por causa de outro incrível atributo do diamante: ao ser composto somente de carbono, é extremamente leve. Todo o diamante Cullinan pesava pouco mais de meio quilo.

Adam Worth não estava sozinho. Como os ricos estavam adquirindo grandes diamantes em um ritmo cada vez maior, um novo tipo de ocupação estava nascendo nessa época: a de ladrão. A leveza e o alto valor do diamante significavam que roubar um deles, mesmo do tamanho de um mármore, poderia permitir viver sem trabalhar pelo resto da vida, principalmente quando roubar não era rastreável. (Contraste isso com roubar a medalha de ouro de Andre Geim, que teria me dado poucas milhares de libras, no máximo, depois de derretida.) Esse novo tipo de ladrão de joias estava imbuído com as virtudes do próprio diamante: elegante, sofisticado e puro. Em filmes como *Ladrão de Casaca* e *A Pantera Cor-de-Rosa,* diamantes cumprem o papel de uma princesa cruelmente prisioneira. Membros honestos da sociedade durante o dia, ladrões à noite, seus salvadores eram representados por estrelas como Cary Grant e David Niven. Nesses filmes, o roubo de um diamante é mostrado como um ato nobre. O ladrão de diamante movimenta-se de forma leve e só exige um macacão negro e o conhecimento das mansões sofisticadas com a combinação dos cofres localizados atrás de quadros. Em contraste, o roubo de dinheiro ou ouro de um banco ou trem era mostrado como um crime sujo, geralmente realizado por homens brutos e gananciosos.

Ao contrário do ouro, diamantes nunca foram parte do sistema monetário do mundo, apesar de seu valor financeiro. Não são um

DE QUE SÃO FEITAS AS COISAS

bem líquido – literalmente: não podem ser derretidos e, dessa forma, transformados em *commodities*. Grandes gemas de diamantes não têm nenhum uso exceto criar espanto e emoção ou, mais importante, afirmar o status de alguém. Antes do século XX, só os realmente ricos poderiam ter um, mas a crescente riqueza da classe média europeia criou um tentador novo mercado para os mineiros de diamantes. O problema encontrado pela empresa DeBeers, que em 1902 controlava 90% da produção de diamantes do mundo, foi como vender a esse mercado muito maior sem desvalorizar as gemas no processo. Eles conseguiram com uma astuta campanha de marketing: ao inventar a frase "Diamantes são para sempre", criaram a ideia do anel de noivado feito de diamantes como a única forma verdadeira de expressar o amor eterno. Qualquer um que quisesse convencer seu amor da verdade de seus sentimentos precisava comprar um, e quanto mais caro o diamante, mais verdadeiros eram os sentimentos expressos. A campanha de marketing deu certo, colocando um diamante na casa de milhões de pessoas e culminando em um filme de James Bond, acompanhado por uma música de Shirley Bassey e John Barry, que glorificava o novo papel social do diamante como a materialização do amor romântico.

Mas diamantes não são para sempre, pelo menos na superfície deste planeta. É, na verdade, a estrutura irmã do diamante, o grafite, que é a forma mais estável, e assim todos os diamantes, incluindo a Grande Estrela da África na Torre de Londres, estão lentamente se transformando em grafite. Essa é uma notícia complicada para qualquer um que tenha um diamante, apesar de poderem ter certeza de que vai demorar bilhões de anos antes que uma degradação apreciável de suas gemas possa ser visualizada.

A estrutura do grafite é radicalmente diferente da do diamante, consistindo de planos de átomos de carbono conectados em um padrão hexagonal. Cada plano é uma estrutura extremamente forte e estável, e as ligações entre os átomos de carbono são mais for-

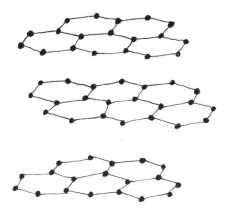

A estrutura de cristal do grafite.

tes do que as do diamante – o que é surpreendente, pois o grafite é tão fraco que é usado como lubrificante e como ponta de lápis.

A charada pode ser explicada ao notarmos que, *dentro* das camadas de grafite, cada átomo de carbono possui três vizinhos com os quais compartilha seus quatro átomos. Na estrutura do diamante, cada átomo de carbono compartilha seus quatro elétrons com quatro átomos. Isso dá às camadas individuais de grafite uma estrutura eletrônica diferente e ligações químicas mais fortes do que as do diamante. O outro lado, no entanto, é que cada átomo no grafite não possui elétrons sobrando para formar fortes conexões *entre* suas camadas. Em vez disso, essas camadas são mantidas unidas pela cola universal do mundo material, um conjunto fraco de forças geradas por flutuações no campo elétrico das moléculas, as forças Van der Waals. É a mesma força que faz as resinas epóxi grudentas. O resultado é que quando o grafite é colocado sob grande estresse, são as fracas forças Van der Waals que quebram primeiro, deixando o grafite muito macio. É assim que um lápis funciona: quando você o pressiona contra o papel, quebra as ligações Van der Waals e camadas de grafite deslizam uma contra a outra, depositando-se nas páginas. Se não fossem pelas fracas ligações Van der Waals, o grafite seria mais forte do que o diamante. Esse foi um dos pontos de partida da equipe de Andre Geim.

Dê uma olhada no grafite de um lápis e vai ver que é cinza escuro e brilhante como um metal. Durante milhares de anos, foi confundido com chumbo e chamado de "plumbagina" ou "chumbo negro", por isso o uso do termo "mina" para o grafite usado no lápis. A confusão é compreensível pois os dois são metais macios (apesar de hoje em dia chamarmos o grafite de semimetal). Minas de plumbagina se tornaram cada vez mais valiosas com os novos usos encontrados para o grafite, como a descoberta de que era o material perfeito para fazer bolas de canhão e de mosquete. Na Grã-Bretanha dos séculos XVII e XVIII, o material se tornou tão caro que ladrões começaram a cavar túneis secretos nas minas ou trabalhar nela para roubar a plumbagina. Com o preço aumentando, também cresceram os roubos e as atividades criminosas, até que uma lei do Parlamento aprovada em 1752, fez com que o roubo do grafite de uma mina fosse punido com um ano de trabalhos forçados ou sete anos na Austrália. Em 1800, o grafite era um negócio tão grande que guardas armados eram colocados nas entradas das minas de plumbagina.

A razão para o grafite ser metálico enquanto o diamante não é também tem a ver com sua estrutura atômica hexagonal. Como já vimos, na estrutura do diamante todos os quatro elétrons em cada átomo de carbono fazem par com um elétron correspondente. Dessa forma, todos os átomos na treliça estão fortemente conectados e não há elétrons "livres". Por isso, os diamantes não conduzem eletricidade, pois não há elétrons livres para se moverem dentro da estrutura e carregarem a corrente elétrica. Na estrutura do grafite, por outro lado, os elétrons externos não apenas se ligam a um elétron de um átomo vizinho, mas formam um mar de elétrons dentro do material. Isso tem vários efeitos, um deles é permitir que o grafite conduza eletricidade, já que os elétrons podem se mover como fluido. O grafite foi usado por Edison para os primeiros filamentos da lâmpada porque também possui um ponto alto de derretimento, o que permite que brilhe forte sem derreter quando uma forte corrente passa por ele. Enquanto isso, o mar de elétrons também atua como um trampolim eletromagnético para a luz, e esse reflexo de luz é o que o faz parecer brilhante como outros metais. Essa explicação organizada das propriedades metálicas do grafite, porém, não foi o que deu à equipe de Andre Geim um Prêmio Nobel. Foi somente o ponto de partida deles.

Todas as formas de vida na Terra estão baseadas no carbono e, apesar de esses tipos de carbono serem muito diferentes do grafite, eles podem facilmente ser convertidos em sua estrutura hexagonal se forem queimados: a madeira se transforma em carvão vegetal quando aquecida; o pão se transforma em torrada queimada; nós também ficamos pretos e chamuscados quando expostos ao fogo. Nenhum desses processos produz grafite puro brilhante, já que as camadas hexagonais de carbono não estão densamente empacotadas, mas misturadas. Porém, existe um vasto espectro de materiais escuros, sendo que todos possuem uma coisa em comum: contêm carbono em sua forma mais estável – folhas hexagonais.

No século XIX, outra forma de carbono escuro ganhou ascendência: o carvão mineral. Os planos hexagonais de átomos de carbono são formados não pelo calor, como com um pedaço de torrada queimada, mas através de processos geológicos atuando sobre biomassa morta por milhões de anos. O carvão mineral começa como uma forma de turfa, mas com o calor e a pressão agindo sobre ele, dependendo das condições exatas, é transformado em lignito, depois carvão betuminoso, depois carvão antracito e finalmente grafite. O que acontece quando ele passa por essa transformação é que, passo a passo, vai perdendo os componentes voláteis, contendo nitrogênio, enxofre e oxigênio, que estão presentes na biomassa original, tornando-se, no processo, uma forma cada vez mais pura de carbono. Quando as camadas hexagonais puras são formadas, então o material assume um brilho mais metálico, que pode ser visto de maneira especialmente clara nas facetas de espelho negro de alguns carvões minerais, como o antracito. Mesmo assim, o carvão mineral raramente é encontrado como uma forma pura de carbono, e é por isso que pode ser bastante malcheiroso quando queimado.

O tipo de carvão mineral mais venerado por seu apelo estético é o derivado das árvores araucárias fossilizadas. São duros, podem ser entalhados e polidos até ter um acabamento brilhante, e possuem um lustro negro muito bonito. Às vezes são chamados de âmbar negro por terem propriedades triboelétricas parecidas com as do âmbar: a capacidade de gerar energia estática e fazer o cabelo se arrepiar. Nós o conhecemos normalmente como azeviche. Entrou na moda na Grã-Bretanha no século XIX por causa da Rainha Vitória, que mostrou o luto pela morte de seu Príncipe consorte, Albert, usando roupas negras e joias de azeviche pelo resto de sua vida. Houve tanta demanda popular pelo azeviche no resto do Império Britânico que, da noite para o dia, a população da cidade Whitby em Yorkshire, onde Bram Stoker mais tarde escreveria sua obra-prima gótica, *Drácula*, parou de usar os depósitos locais de azeviche como combustível e ficou famosa por produzir a joia do lamento e da tristeza.

A ideia de que o diamante tem algo em comum com o carvão mineral ou o grafite era pura fantasia até que os primeiros químicos começaram a investigar o que acontecia quando eram aquecidos. Antoine Lavoisier fez exatamente isso em 1772 e descobriu que o diamante queima quando o calor é vermelho, não sobrando nada. Nada mesmo. Parece desaparecer no ar. Esse experimento foi muito surpreendente. Outras pedras preciosas, como rubi e safira, eram impermeáveis ao calor vermelho ou até ao calor branco: não queimavam. Mas o diamante, o rei das pedras preciosas, parecia ter um tendão de Aquiles. O que Lavoisier fez em seguida deixa meu coração muito feliz, pela elegância do experimento. Ele aqueceu o diamante no vácuo a fim de que aí, sem ar para reagir com o diamante, ele sobrevivesse a temperaturas mais altas. É uma dessas experiências mais fáceis de propor do que de realizar, especialmente no século XVIII, quando não era nada fácil produzir um vácuo. O que aconteceu em seguida deixou Lavoisier espantado: o diamante continuava não sendo impermeável ao calor vermelho, mas dessa vez ele se transformou em puro grafite – prova de que esses dois materiais eram realmente feitos da mesma matéria, carbono.

Armado com esse conhecimento, Lavoisier e muitos outros pesquisadores na Europa procuraram uma forma de reverter o processo, transformar o grafite em diamante. Havia uma vasta fortuna como recompensa a quem conseguisse fazer isso, e começou a corrida. Mas a tarefa era desafiadora. Todos os materiais preferem mudar das estruturas menos estáveis para as mais estáveis, e como a estrutura do diamante é menos estável que a do grafite, isso exige altas temperaturas e pressões para persuadi-lo a mudar na direção oposta. Essas condições existem dentro da crosta terrestre, mas ainda assim são necessários bilhões de anos para que um cristal de diamante cresça. Simular as condições em um laboratório é algo extremamente difícil e muitos afirmaram ter conseguido, recuando em seguida. Nenhum dos cientistas envolvido ficou imensamente rico da noite para o dia, o que, afirmam alguns, é prova de seu fracasso. Outros suspeitam que aqueles que conseguiram a transformação ficaram quietos e foram enriquecendo aos poucos.

Independentemente da verdade, só em 1953 houve uma prova documentada e confiável de que essa transformação tinha sido

DE QUE SÃO FEITAS AS COISAS

conseguida. Agora a indústria do diamante sintético é importante, mas ela não compete palmo a palmo com a indústria de diamantes naturais. Há algumas razões para isso. A primeira é que, apesar de o processo industrial ter sido dominado a ponto de os pequenos diamantes sintéticos poderem ser produzidos de forma mais barata do que os reais – que precisam ser tirados da terra –, são principalmente coloridos e defeituosos, pois o processo de acelerar sua fabricação introduz defeitos que colorem os diamantes. Na verdade, a maioria desses diamantes é usada na indústria mineira, onde fazem parte das brocas e das ferramentas de corte, não por efeito estético, mas para permitir o corte de granito e de outras rochas duras. Em segundo lugar, boa parte do valor dos diamantes é derivado de sua autenticidade. É importante em uma proposta de casamento que o diamante oferecido, apesar de fisicamente idêntico ao sintético, tenha sido forjado nas profundezas da Terra há bilhões de anos. Em terceiro lugar, se você é um tipo de pessoa ultrarracional que não se preocupa com a história natural de uma pedra preciosa, então comprar um diamante sintético é uma forma ainda mais cara de embelezar a pessoa amada. Há substitutos brilhantes muito mais baratos que vão reluzir e deslumbrar, além de enganar todo mundo menos um especialista, como cristais de zircônia cúbicos ou até vidro.

No entanto, a preeminência do diamante natural, em sua luta pela supremacia com o grafite, ia receber outro golpe quando foi descoberto que não era mais o material mais duro conhecido. Em 1967, uma terceira forma de organizar os átomos de carbono que produz uma substância ainda mais dura do que o diamante foi encontrada. A estrutura é baseada nos planos hexagonais do grafite, com modificações para serem tridimensionais. Acredita-se que essa estrutura, chamada lonsdaleíta, é 58% mais dura do que o diamante, apesar de existir em quantidades tão pequenas que é difícil testá-la. A primeira amostra foi encontrada no meteorito no Cânion do Diablo, onde o intenso calor e a pressão do impacto transformaram o grafite em lonsdaleíta. Nunca foi feito um anel de noivado de lonsdaleíta, já que os tipos de impactos de meteoritos que podem criar esse elemento são extremamente raros e produzem pequenos cristais, mas a descoberta dessa terceira estrutura de carbono levou, talvez inevitavelmente, à questão: é possível que existam outras estruturas de carbono, além da estrutura cúbica do diamante, dos hexágonos do carvão mineral, azeviche, carvão vegetal e grafite, e da estrutura hexagonal tridimensional da lonsdaleíta? Logo, outro sintético se juntou à lista, graças à indústria aeronáutica.

Os primeiros aviões eram feitos de madeira porque era leve e rígida. Na verdade, um dos aviões mais rápidos na Segunda Guerra Mundial era um aeroplano de madeira chamado Mosquito. Fazer armações de madeira é problemático porque é difícil criar uma estrutura livre de defeitos. Então, com o aumento da escala das ambições dos engenheiros aeronáuticos, eles se voltaram para um metal leve chamado alumínio. Mas mesmo o alumínio não é superleve e muitos engenheiros tinham a esperança de que poderia existir algum material que fosse mais forte e mais leve do que o alumínio. Parecia não existir, então, em 1963 os engenheiros da Royal Aircraft Establishment, em Farnborough, decidiram inventar um.

A fibra de carbono, como foi chamada, foi criada ao girar o grafite em uma fibra. Ao enrolar folhas desse material, com as fibras correndo longitudinalmente, eles conseguiram ter a vantagem da enorme força e rigidez dentro das folhas. A fraqueza, como a do grafite puro, ainda estava na dependência estrutural das forças Van der Waals do material, mas isso seria superado com o revestimento de uma cola epóxi sobre as fibras. Nascia um novo material: composto de fibra de carbono.

Apesar de esse material, no final, deslocar o alumínio na construção de aviões (o recente Boeing Dreamliner é feito em 70%

de composto de fibra de carbono), demorou muito tempo até a fibra de carbono provar seu valor para indústria aeronáutica. Fabricantes de equipamentos de esporte, no entanto, gostaram imediatamente do composto, pois este transformou o desempenho de esportes com raquetes tão profundamente que aqueles que continuaram a usar materiais tradicionais, como madeira e alumínio, foram rapidamente superados. Lembro vividamente de quando meu amigo James apareceu na quadra de tênis um dia com uma raquete de tênis com o característico padrão quadriculado preto sobre preto da fibra de carbono. Antes de jogarmos uma partida, ele deixou que eu experimentasse sua leveza extrema e força com algumas batidas – depois pegou-a de volta e me destruiu. Há algo extremamente perturbador em jogar com um oponente que possui uma raquete que tem metade do peso e o dobro de poder da sua. "Ei, carbonos, vamos levar a coisa a sério!", exclamei. Não ajudou.

Logo esse material afetaria todos os esportes que exigiam componentes leves e fortes – em outras palavras, quase todos eles. A corrida de bicicleta foi transformada nos anos 90 quando engenheiros começaram a produzir bicicletas com formatos ainda mais aerodinâmicos usando estruturas de fibra de carbono. O desenvolvimento dessas bicicletas provavelmente chegou ao seu auge na clássica rivalidade esportiva de Chris Boardman com Graeme Obree para bater o recorde da "Hora": a competição que procura determinar o máximo que um ser humano pode pedalar em uma hora. Nos anos 90, os dois ciclistas conseguiram quebrar o recorde mundial e depois os recordes um do outro repetidamente com a ajuda de bicicletas de fibra de carbono cada vez mais sofisticadas. Em 1996, Chris Boardman pedalou 56,375 quilômetros em uma hora e provocou um protesto da União Ciclística Internacional. Eles imediatamente baniram o uso desses novos designs inspirados em fibra de carbono, pois estavam muito preocupados com o modo como as bicicletas iam mudar radicalmente a natureza do esporte.

A Fórmula Um adotou a estratégia oposta para inovação oferecida pela fibra de carbono, com mudanças constantes nas regras para forçar maiores inovações nos designs de materiais. Na verdade, o domínio da tecnologia é parte integral do esporte, e o sucesso é conseguido tanto pelos avanços na engenharia quanto pela habilidade do piloto. Enquanto isso, a fibra de carbono tem lugar até nas corridas. Cada vez mais atletas deficientes estão usando membros artificiais transtibiais de fibra de carbono. Em 2008, a Associação Internacional de Federações de Atletismo tentou evitar que esses atletas competissem com atletas não deficientes baseada no argumento de que as pernas de fibra de carbono davam uma vantagem injusta. No entanto, essa regra foi anulada pelo Tribunal Arbitral do Esporte, e, em 2011, o atleta Oscar Pistorius competiu como parte da equipe oficial no Campeonato Mundial Sul-Africano na equipe de revezamento 4×400 m, que ganhou a medalha de prata. Fibra de carbono pode se tornar uma grande parte do atletismo, a menos que as federações tomem a mesma postura que as federações de ciclismo.

O enorme sucesso da fibra de carbono inspirou engenheiros a imaginar seu uso na maior escala possível: esse material seria forte o suficiente para conseguir um sonho antigo, o de construir um elevador até o espaço? O Elevador Espacial, também conhecido por seus apelidos de Gancho no Céu, Escada Celestial e Funicular Cósmico, seria uma estrutura ligando um ponto no equador a um satélite geoestacionário em órbita diretamente acima dela. Se um elevador espacial pudesse ser construído, democratizaria totalmente a viagem espacial, permitindo que pessoas e cargas fossem transportadas ao espaço com facilidade e com um custo energético quase insignificante. O conceito, que foi desenvolvido em 1960 pelo engenheiro russo Yuri Artsutanov, exigiria a construção de um cabo com 36 mil quilômetros, conectando um satélite a um barco flutuando no oceano na região do equador da Terra. Todos

A estrutura de cristal das "buckybolas".

os estudos indicam que a ideia é mecanicamente possível, mas exige que o cabo seja feito de um material com uma razão força-altura extraordinariamente alta. A razão pela qual o peso entra nisso, assim como com qualquer estrutura de cabo, é que deve primeiro ser capaz de aguentar seu próprio peso sem quebrar. Com 36 mil quilômetros, seria preciso um material tão forte que um único cabo poderia ser usado para levantar um elefante. Na prática, até o melhor cabo de fibra de carbono só consegue levantar um gato. Mas isso acontece porque está cheio de defeitos. Cálculos teóricos deixam claro que, se uma fibra de carbono completamente pura pudesse ser criada, então sua força seria muito maior, excedendo a força do diamante. A busca estava em encontrar uma forma de construir esse tipo de material.

Uma possibilidade de como ele poderia ser feito veio com a descoberta de uma quarta estrutura de carbono, encontrada em um dos lugares mais improváveis: a chama de uma vela. Em 1985, o professor Harry Kroto e sua equipe descobriram que dentro da chama de uma vela os átomos de carbono estavam milagrosamente se auto-organizando em grupos de exatamente sessenta átomos para formar supermoléculas de carbono. As moléculas pareciam bolas de futebol gigantes e foram apelidadas de "buckybolas" em homenagem ao arquiteto Buckminster Fuller, que desenhou cúpulas geodésicas com a mesma estrutura hexagonal. A equipe de Kroto recebeu o Prêmio Nobel de química em 1996 por essa desco-

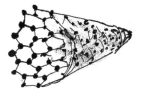

A estrutura molecular dos nanotubos de carbono.

berta, e também mostrou a todos o fato de que o mundo microscópico poderia conter um zoológico de outras estruturas de carbono que nunca tinham sido vistas antes.

Quase da noite para o dia o carbono se tornou um dos tópicos mais sexys na ciência de materiais e logo surgiu outro tipo de carbono, um que poderia formar tubos que possuem apenas poucos nanômetros de largura. Apesar da complexidade de sua arquitetura molecular, esses nanotubos de carbono tinham uma propriedade peculiar: podiam se auto-organizar. Não precisavam de ajuda externa para criar essas formas complexas, nem precisavam de equipamento de alta tecnologia, podendo fazer isso na fumaça de uma vela. Foi um momento próximo à descoberta das bactérias microscópicas; o mundo de repente parecia muito mais complexo e extraordinário do que tínhamos imaginado. Não eram apenas os organismos vivos que podiam se auto-organizar em estruturas complexas: o mundo não-vivo podia fazer isso também. Uma obsessão com a produção e o exame de moléculas de nanoescala tomou conta do mundo, e a nanotecnologia entrou na moda.

Nanotubos de carbono são como fibras de carbono em miniatura, exceto por possuírem uma ligação Van der Waals fraca. Descobriu-se que possuem a mais alta razão força-peso que qualquer material do planeta, o que significa que poderiam ser fortes o suficiente para construir um elevador espacial. Problema resolvido? Bom, ainda não. Os nanotubos de carbono têm, em geral, alguns nanômetros de comprimento, mas precisariam ter metros para serem usados. Atualmente há centenas de equipes de pesquisa de nanotecnologia ao redor do mundo trabalhando para resolver esse problema. A equipe de Andre Geim, no entanto, não é uma delas.

A equipe de Andre fez uma pergunta mais simples: se todas essas novas formas de carbono se basearam na estrutura hexagonal do grafite, e o grafite estava cheio dessas camadas de carbono hexagonal, então por que o grafite não é um material incrível também? Resposta: porque as folhas passam uma por cima da outra muito facilmente, então o material é muito fraco. Mas então, e se houvesse somente uma folha de carbono hexagonal? Como seria esse material?

Quando Andre Geim voltou com o café, eu ainda estava segurando sua medalha de ouro do Prêmio Nobel. Senti uma leve sensação de culpa apesar de ter sido ele que a havia me dado para olhar. Ele colocou o café na mesa, pegou a medalha da minha mão e a substituiu por um pedaço de grafite puro das Minas de Plumbagina da Cúmbria. Ele havia, conforme me falou, obtido o grafite diretamente da mina, que estava do outro lado da estrada, geograficamente falando, de seu escritório na Universidade de Manchester. Então, me mostrou como seu grupo de pesquisa tinha feito uma única folha de carbono hexagonal.

Andre pegou um pedaço da fita adesiva e colou no pedaço de grafite. Quando a removeu, uma fina camada de grafite metálico brilhante estava grudada na fita. Ele pegou, então, outro pedaço da fita e grudou na camada, depois a puxou de novo. Agora havia duas camadas. Fez isso quatro ou cinco vezes criando camadas ainda mais finas de grafite. Finalmente, anunciou que tinha alguns grafites com a grossura de apenas um átomo. Olhei para o pedaço da fita adesiva que ele estava segurando. Tinha umas poucas man-

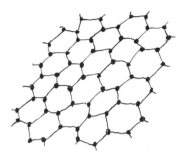

A estrutura molecular do grafeno.

chas pretas nele e, sem querer diminuir o seu significado, inspecionei atentamente. "Claro", ele falou, sorrindo, "não dá para ver. A essa escala é transparente." Assenti exageradamente quando ele me levou até o microscópio na sala ao lado, que nos permitiu ver essas camadas atômicas de grafite.

A equipe de Andre não ganhou o Prêmio Nobel por fazer um grafite de uma camada só. Eles ganharam o Prêmio Nobel por demonstrar que essas camadas simples de grafite tinham propriedades extraordinárias até pelos padrões da nanotecnologia – tão extraordinárias que puderam dar o nome de um novo material: grafeno.

Para começar, o grafeno é o material mais fino, forte e rígido do mundo; conduz o calor mais rápido do que qualquer outro material conhecido; pode transmitir mais eletricidade, mais rapidamente e com menos resistência do que qualquer outro material; permite a ocorrência dos túneis de Klein – um exótico efeito do *quantum* nos quais os elétrons dentro do material podem criar um túnel através de barreiras como se não estivessem ali. Tudo isso significa que o material tem o potencial de ser uma usina de força eletrônica, possivelmente substituindo os chips de silício no coração de toda a computação e comunicação. O fato de ser tão fino, transparente, forte e ter propriedades eletrônicas significa,

DE QUE SÃO FEITAS AS COISAS

também, que pode terminar sendo o material escolhido para as interfaces de toque do futuro, não apenas as telas de toque que conhecemos, mas talvez podendo levar a sensibilidade do toque a objetos e até a prédios inteiros. Mas o que mais contribuiu para sua fama é que é um material bidimensional. Isso não quer dizer que não possui espessura, mas que não pode ser feito mais grosso ou fino e continuar sendo o mesmo material. Foi isso que a equipe de Andre mostrou: se acrescentarmos uma camada extra de carbono ao grafeno, ele volta a ser grafite, tire uma camada e o material simplesmente não existe.

Apesar de o meu professor de arte, Sr. Barrington, não saber disso quando afirmou que o grafite era uma forma superior de carbono comparado com o diamante, tecnicamente ele estava certo em quase tudo. Estava certo também sobre a importância da natureza atômica do grafite. O grafeno é o bloco de construção atomicamente fino do grafite. É o que você às vezes deposita sobre seus papéis quando usa um lápis. Pode ser usado somente como um material de expressão artística, mas é muito mais que isso: esse material e sua versão enrolada na forma de nanotubos serão parte importante do nosso mundo futuro, da menor escala à maior, de aparelhos eletrônicos, carros, aviões, foguetes e até – quem sabe? – elevadores espaciais.

Será que o grafite, ao dar à luz ao grafeno, conseguiu finalmente superar o diamante? É o inesperado vencedor dessa milenar rivalidade? Ainda é cedo para responder, mas parece duvidoso. Apesar de parecer provável que o grafeno vá levar a uma nova era na engenharia e, na verdade, cientistas e engenheiros já estão apaixonados por esse material, isso pode não dar um alto status para o resto do mundo. O diamante pode não ser mais o material mais forte e mais duro, e sabemos que eles não vão durar para sempre, mas ainda representam essas qualidades para a maioria das pessoas. Ainda é a rocha que une romanticamente amantes em todas as partes do mundo. A associação do diamante com o verdadeiro amor pode originalmente ter acontecido por uma campanha de publicidade, mas não deixa de ser algo real agora.

O grafeno, por outro lado, pode ser funcionalmente melhor do que o diamante, mas não brilha e é virtualmente invisível, extremamente fino e bidimensional – não possui exatamente as qualidades que alguém quer associar ao amor. Meu palpite é que enquanto as agências de publicidade não descobrirem o grafeno, a estrutura de cristal cúbico do carbono vai continuar sendo o melhor amigo de uma garota.

9. Refinado

DE QUE SÃO FEITAS AS COISAS

Em janeiro de 1962, a família Miodownik estava se preparando para realizar o casamento do meu pai, Peter Miodownik, com sua noiva, Kathleen. Os planos de casamento estavam sendo feitos, os amigos tinham sido convidados, as instruções religiosas para a cerimônia entre esse homem judeu e uma mulher católica tinham sido feitos, os nervos estavam à flor da pele, o amor livre pode ou não ter sido praticado, mas os presentes de casamento para o jovem casal tinham sido comprados, um dos quais era um conjunto de chá feito de porcelana branca.

Esse presente foi entregue na casa dos meus pais em uma caixa de madeira da loja de departamento Harrods. Quando as xícaras e pires foram tirados do meio da serragem, foram lavados e colocados no escorredor da cozinha. Aqui eles tiveram uma primeira visão de seu lar: uma cozinha simples e grande nos subúrbios de Londres. Uma das xícaras de chá caiu da pia para o chão, mas quicou no linóleo em vez de quebrar, para felicidade dos dois, que sorriram um para o outro, encantados. Bom presságio, eles decidiram, e foi assim mesmo: as xícaras duraram todo o casamento deles. Cinquenta anos depois, a que tenho na foto em meu terraço é a única sobrevivente.

Nos primeiros dias, as xícaras de porcelana tiveram que dividir um armário de cozinha com algumas xícaras de madeira que mamãe tinha trazido da Irlanda. Isso deve tê-las enchido de terror. A madeira tinha um apelo rústico, claro; é um material lindo e natural, e sua simplicidade orgânica apela àqueles que sentem saudades de uma vida mais rural. Mas como um material para beber é difícil defendê-lo. Tem um gosto forte e absorve outros sabores em seus poros com facilidade, distorcendo o gosto da bebida seguinte.

Também havia muitas xícaras de metal na cozinha naquele tempo. Aparentemente eram de um conjunto de acampamento, e tinham sido trazidas para a cozinha porque os recém-casados ti-

230

nham poucas. Mas metal não é muito melhor para beber chá do que a madeira. Colocamos talheres metálicos em nossas bocas o tempo todo, preferindo outros materiais porque sua rigidez e força permitem que garfos e colheres sejam finos e polidos sem dobrar ou quebrar. Crucialmente, seu brilho e maciez facilitam perceber se foram bem limpos desde a última vez que alguém os colocou na boca. Mas o material conduz calor muito bem para ser usado em bebidas quentes. Também tem um som forte e alto, uma assinatura acústica que não combina com os sabores sofisticados do chá.

Algumas xícaras de plástico entraram na casa quando eu e meus irmãos nascemos. Como a maioria dos objetos criados para crianças, eram coloridas e robustas, e isso combina com as bebidas que contêm, que tendem a ser mais doces e com mais gosto de frutas do que o chá. A sensação do plástico macio na boca, enquanto isso, é quente, reconfortante e segura. Ele parece alegre e divertido, o material refletindo o estado da infância. Seria apropriado se as xícaras plásticas de suco crescessem e se transformassem em xícaras de cerâmica quando envelhecessem, tornando-se mais fortes, rígidas e mais distintas. Mas, infelizmente, o que acontece com as xícaras de plástico é que elas duram pouco, sendo degradadas estruturalmente pelos raios UV do sol. Cada piquenique tira anos da vida de uma xícara de plástico. No final, elas ficam amareladas e frágeis, finalmente quebrando-se.

A cerâmica, por outro lado, é impermeável à degradação dos raios UV ou a ataques químicos. Ela resiste a riscos melhor do que qualquer outro material, também. Óleos, gordura e a maioria das manchas simplesmente resvala nela. Ácido tânico e algumas outras moléculas grudam nela, mas ácido ou água sanitária podem limpá-los facilmente. Como resultado, a cerâmica mantém sua beleza por muito tempo. Na verdade, se não fosse pela rachadura na minha xícara, que vai do lábio ao cabo e está manchada com o ácido tânico, estaria exatamente igual a como era cinquenta anos atrás. Não é possível falar o mesmo de muitos materiais. Copos de papel podem parecer mais sustentáveis porque são recicláveis, mas a camada de cera exigida para torná-los à prova d'água faz com que isso seja quase impossível. Para sustentabilidade real, precisamos olhar para a cerâmica.

Deixando de lado a praticidade, há um estigma social conectado a servir chá em papel, plástico, metal ou a maioria dos outros materiais que não seja cerâmica. Beber chá é muito mais do que ingerir fluídos: é um ritual social e uma celebração de certos ideais. Xícaras de cerâmica são parte essencial desse ritual – uma parte essencial, portanto, de um lar civilizado.

A história de como a cerâmica ganhou seu alto status é muito antiga, anterior ao papel, ao plástico, ao vidro e ao metal. Tudo começou quando os humanos começaram a colocar o barro das margens do rio no fogo e perceberam que podiam modificá-lo. Não foi simplesmente deixar secar. Não, algo mais aconteceu que transformou o barro macio em um novo material rígido que tinha quase todas as qualidades da pedra. Era duro, forte e poderia ser moldado em vasilhames para guardar e coletar grãos e água. Sem esses vasilhames, a agricultura e os assentamentos teriam sido impossíveis e a civilização, como conhecemos, nunca teria avançado. Quase dez mil anos depois, esses vasilhames foram conhecidos como vasos e essa espécie simples, como cerâmica.

Mas essas primeiras cerâmicas não eram realmente como pedras. Eram frágeis, quebravam fácil, empoeiradas e porosas (porque, em uma microescala, a superfície delas estava cheia de buracos). A terracota e a louça moderna são parentes modernos dessas primeiras peças. São lindamente simples de serem produzidas, mas terrivelmente fracas. Em incontáveis ocasiões, coloquei um desses pratos de terracota, normalmente comprado nas férias, no forno, contendo algum ensopado, e sempre o retirava uma hora depois rachado e vazando. De todos os lugares, o forno é onde a cerâmica deveria se sentir mais confortável, porque é onde ela é formada, mas nunca funciona com terracota. A razão é que o líquido se infiltra em seus poros e depois se expande como vapor quando aquecido, transformando os poros em uma microrrachadura explosiva, que no final se une com outras microrrachaduras como tributários de um rio, e finalmente explode na superfície do prato de terracota, o que significa o fim não só do prato, mas da comida dentro dele também.

Ao contrário dos metais, plásticos ou vidro, a cerâmica não pode ser derretida, ou então não teríamos os materiais que conseguem aguentar as temperaturas exigidas para conter esses líquidos. A cerâmica é feita do mesmo material que montanhas, rochas e pedras, cujo formato líquido é a lava e o magma da Terra. Mas mesmo que a lava pudesse ser capturada e colocada em um molde, não criaria uma cerâmica forte – certamente não uma que pudesse ser reconhecida e criar uma xícara –, pois é formada, claro, por rocha vulcânica, que está cheia de buracos e imperfeições. São necessários milhões de anos de calor e pressão dentro da Terra para transformar essa coisa nas chamadas rochas ígneas e pedras que formam as montanhas. Por esses motivos, tentativas de criar substitutos artificiais para a rocha usam reações químicas, como funcionam o cimento e o concreto ou, no caso da cerâmica, aquecem o barro em uma fornalha, sem derreter, e aproveitam a vantagem de uma propriedade muito incomum dos cristais.

Barro é uma mistura de minerais finamente pulverizados e água. Como a areia, esses pós minerais são o resultado da ação de erosão do vento e da água sobre as rochas e são, na verdade, pequenos cristais. O barro é formado geralmente nas margens dos rios, onde esses minerais erodidos são trazidos das montanhas e colocados nas mar-

DE QUE SÃO FEITAS AS COISAS

gens, formando uma massa macia e mole. A mistura de diferentes minerais resulta em diferentes tipos de barro. No caso da terracota, os cristais são normalmente uma mistura de quartzo, óxido de alumínio e ferrugem, que dá à terracota sua cor avermelhada.

Quando ele é aquecido, a primeira coisa que acontece é que a água evapora, deixando os pequenos cristais agregados em um tipo de castelo de areia com muitos buracos onde antes estava a água. Mas a altas temperaturas, algo especial acontece: átomos de um cristal vão pular para outro cristal perto e depois vão voltar. Os átomos em alguns cristais, no entanto, não voltam para sua posição original, e gradualmente pontes de átomo são construídas entre os cristais. No final, bilhões destas pontes são construídas e a coleção de cristais se tornou algo mais parecido a uma única massa contínua.

A razão dos átomos fazerem isso é a mesma razão pela qual quaisquer dois elementos químicos reagem: dentro de cada cristal, todos os elétrons do átomo são parte de uma conexão química estável com seus vizinhos – estão, como se pode dizer, "ocupados" – mas nas pontas e superfícies do cristal há elétrons "desocupados", os que não têm outros átomos para se conectar, o equivalente a pontas soltas. Por esse motivo, todos os átomos em um cristal procuram uma posição dentro do corpo do cristal em vez de em sua superfície; ou, colocado de outra forma, esses átomos na superfície do cristal são instáveis, disponíveis e prontos para se reposicionarem se aparecer uma oportunidade apropriada para isso.

Normalmente, quando os cristais estão frios, esses átomos não possuem energia suficiente para se mover e fazer algo em relação a seu problema. Mas quando a temperatura é alta o suficiente, os átomos podem se mudar: eles se reorganizam, assim uns poucos podem ser forçados a ficar em uma posição na superfície do cristal – por isso, na verdade, há menos superfície no geral. Ao fazerem isso, eles remodelam os cristais para se juntarem da forma mais

Como aquecer a cerâmica transforma um conjunto de pequenos cristais em um único material fisicamente coerente.

completa e econômica possível, eliminando os buracos entre eles. Lenta, mas com segurança, a coleção de pequenos cristais se torna um único material. Não é mágica, mas parece.

Essa é a teoria, claro, mas a química de alguns tipos de barro faz com que seja mais fácil trabalhar com uns do que com outros. A vantagem do barro de terracota é que são mais fáceis de encontrar, e esse processo de remodelamento vai acontecer a temperaturas relativamente baixas – a temperatura de um fogo ou uma fornalha simples de madeira. Isso significa que fazer terracota exige apenas um pequeno grau de conhecimento técnico. Como resultado, cidades inteiras são construídas dessa coisa: a casa de tijolo comum é essencialmente uma forma de terracota. O grande problema com a cerâmica terracota, no entanto, é que ela nunca se livra totalmente dos buracos e, por isso, nunca fica totalmente densa. Isso é ótimo para tijolos, que só precisam ser razoavelmente fortes, e quando

DE QUE SÃO FEITAS AS COISAS

são cimentados no lugar, não serão golpeados ou esquentados e esfriados repetidamente, mas é um desastre para uma xícara ou uma tigela, que terão um corpo fino e sofrerão os rigores da cozinha. Elas simplesmente não duram: basta uma pequena batida para as rachaduras começarem a crescer a partir dos poros e nunca param.

Foram os ceramistas do Oriente que resolveram o problema da fragilidade e da porosidade. O primeiro passo deles foi perceber que se a cerâmica estivesse coberta por um tipo especial de cinzas, transformar-se-ia, durante o aquecimento, em uma cobertura de vidro que ficava grudada na parte exterior da peça. Essa camada de vidro selaria todos os poros na parte exterior da cerâmica, e ao variar a composição e distribuição do esmalte, as peças podiam ser coloridas e decoradas. Isso não só impediu que a água entrasse, mas de repente abriu um novo reino estético para a cerâmica.

Hoje em dia é muito comum ver essa cerâmica esmaltada. Existe certamente muitas delas na minha cozinha – na forma de azulejos que cobrem as paredes ao redor da pia e das superfícies onde se cozinha, pois facilitam a limpeza e parecem mais bonitas – e em todos os banheiros. O uso de azulejos com decoração para cobrir o chão, paredes e até edifícios inteiros está associado principalmente com a arquitetura do Oriente Médio e árabe.

Apesar de a vitrificação evitar que a água entre na cerâmica cozida, não resolve o problema da porosidade dentro do corpo da cerâmica, que é onde as rachaduras começam. Então os azulejos são relativamente fracos, assim como as xícaras e tigelas de terracota vitrificados. Esse problema também foi resolvido pelos chineses, mas envolvia a criação de um tipo completamente novo de cerâmica.

Há dois mil anos, enquanto olhava para uma forma de melhorar sua cerâmica, os ceramistas da Dinastia Han Oriental começaram a experimentar não só diferentes tipos de barro, mas com preparações próprias, misturando com minerais que nunca poderiam terminar em um rio. Um desses aditivos foi o mineral branco caulim. Por quê? Ninguém sabe. Talvez tenha sido apenas pelo espírito de inquisição, talvez porque gostaram da cor.

Sem dúvida eles tentaram todo tipo de misturas diferentes, mas no final chegaram a uma combinação especial de caulim e alguns outros ingredientes, como o quartzo mineral e feldspato, que criou um barro branco e, quando aquecido, uma cerâmica branca bonita. Não era mais forte do que a louça conhecida, mas, ao contrário de outros barros conhecidos, se eles aumentassem a temperatura da fornalha para até 1.300 ºC, algo estranho acontecia. O barro se transformava em um sólido quase aquoso: uma cerâmica branca que tinha uma superfície quase perfeitamente macia. Era simplesmente a cerâmica mais bonita que alguém já tinha visto. Também era mais forte e mais dura do que qualquer cerâmica tinha direito de ser. Era tão forte que xícaras e tigelas podiam ser feitas bem finas, quase tão finas quanto papel, sem comprometer sua capacidade de aguentar rachaduras. Essas xícaras eram tão boas que eram translúcidas. Era a porcelana.

Essa combinação de propriedades – força, leveza, delicadeza e maciez extraordinária – representou uma poderosa declaração, e o material logo se associou à realeza, projetando uma imagem de sua riqueza e sofisticado gosto estético. Mas teve outro significado também: como exigia profundo conhecimento e habilidade para criar precisamente a mistura certa de minerais para ser feita e construir as fornalhas que poderiam gerar as altas temperaturas para ser aquecida, a porcelana começou a representar o casamento perfeito entre habilidade técnica e expressão artística. O que começou como fonte de orgulho para a Dinastia Han logo se tornou uma questão de identidade, incorporando sua proeza. A partir daquele momento na história chinesa, diferentes dinastias reais estiveram associadas com diferentes tipos de porcelana imperial.

As dinastias mostravam suas cerâmicas com a criação de vasos e tigelas cerimoniais incrivelmente lindas com as quais decoravam seus palácios. Mas perceberam que, para seus honrados convidados realmente notarem a maravilha da translucidez e da leveza desse novo material, eles precisavam senti-lo, não apenas admirá-lo. Beber chá fornecia uma desculpa perfeita para isso. Servir chá para um convidado em xícaras de porcelana se tornou uma expressão não apenas de sofisticação técnica, mas de refinamento cultural, transformando-se, com o tempo, em um ritual.

A porcelana chinesa era tão superior a qualquer outra cerâmica que quando comerciantes do Oriente Médio e do Ocidente entraram em contato com ela, imediatamente perceberam como era valiosa. Eles exportaram não só a porcelana, mas o ritual de beber chá também, que, juntos, se tornaram os embaixadores da cultura chinesa, causando uma sensação em todos os lugares. Nessa época, os europeus ainda estavam bebendo em canecas de madeira, peltre, prata ou cerâmica. A porcelana era a prova física de como os chineses estavam tecnicamente mais avançados do que qualquer outro povo no mundo. Ter um conjunto de xícaras de chá de porcelana e servir o melhor chá chinês imediatamente o colocava em um nível superior. Consequentemente, começou um enorme comércio dessa sublime porcelana branca, chamada de "ouro branco" ou "china".

O comércio cresceu tanto que muitos na Europa perceberam que se pudessem aprender como fazer porcelana, ficariam muito ricos. Mas ninguém chegou perto e o método para fazer porcelana continuou um segredo muito bem guardado, conhecido apenas pelos chineses, ainda que os europeus tenham mandado espiões para tentar descobri-lo. Foi apenas quinhentos anos depois, quando um homem chamado Johann Friedrich Böttger foi preso pelo rei da Saxônia e ouviu que sua vida dependia dessa descoberta, que a primeira porcelana europeia foi criada.

Böttger era um alquimista, mas em 1704, enquanto estava na prisão, foi obrigado a trabalhar sob a direção de um homem chamado von Tschirnhaus para realizar um conjunto sistemático de experimentos usando vários minerais brancos para criar a porcelana. Tudo mudou quando foi descoberto um depósito local de caulim. Quando eles conseguiram as altas temperaturas exigidas, descobriram o que os chineses conheciam há mais de mil anos.

Böttger escolheu provar que tinha criado a porcelana não servindo chá com as novas xícaras, mas removendo uma das fornalhas de calor branco onde estava aquecida a 1.350 ºC e colocando-a direto em um balde com água. A maior parte da cerâmica racharia sob essas circunstâncias extremas por causa do choque térmico; elas explodiriam. Mas a dureza e força da porcelana eram tão grandes que ela sobreviveu intacta[*]. O rei recompensou Böttger e von Tschirnhaus generosamente, porque a invenção da porcelana europeia iria torná-lo incrivelmente rico.

Depois disso, cientistas e ceramistas de toda a Europa começaram a fazer experimentos para descobrir o segredo da fabricação da porcelana. A espionagem industrial era comum, mas ainda demorou outros cinquenta anos para que os britânicos criassem sua própria versão da porcelana, usando ingredientes locais, chamada "bone china porcelain" ou "porcelana de cinzas de ossos". E era feito desse material o conjunto de chá dado a meus pais como presente de casamento.

Em 1962, então, o ano do anúncio do casamento dos Miodownik, os mineiros da Cornualha saíram, como tinham feito toda manhã por duzentos anos, em direção às colinas da região, cheias de minas

---

[*] Apesar de a história ser largamente desacreditada, nós recriamos o experimento em julho de 2011 para a série da BBC4 "Cerâmicas: como elas funcionam" e confirmamos que a porcelana de fato sobrevive ao choque térmico de ser mergulhada nessa temperatura na água.

DE QUE SÃO FEITAS AS COISAS

e engenhos de água, até a Mina Treviscoe para desenterrar um depósito incomum do raro barro branco, o caulim. Enquanto isso, ali perto, em uma mina de granito, outros mineiros estavam extraindo pedras, incluindo mica, feldspato e quartzo. Fazendeiros do condado de Staffordshire e dos condados próximos de Cheshire, Derbyshire, Leicestershire, Warwickshire, Worcestershire e Shropshire estavam criando animais, cujos ossos terminariam sendo queimados e esmagados até virarem pó. Todos esses ingredientes seriam levados até Stoke-on-Trent, o lugar onde, em um dia de inverno, minha xícara e outra parte do conjunto foram criadas.

Nessa época do ano, a cidade era tomada pela fumaça, criada por centenas de fornalhas em formato de garrafa com tijolos vermelhos que a transformavam no lar da cerâmica britânica. A fumaça nesses dias tinha um cheiro bastante forte de enxofre e era um pouco ácida. Talvez, como acontecia com frequência quando vivi ali em 1987, as nuvens estivessem tão baixas que as chaminés pareciam se meter no meio delas, fazendo com que a cidade parecesse irreal, como se fosse parte de um sonho. Dentro das fábricas, o ar, aquecido pelas fornalhas, seria quente, seco e confortável. As muitas salas estariam cheias de bancos e equipamentos mecânicos, tomados por linhas de homens e mulheres ocupados em seu trabalho, criando cerâmicas de todos os tipos, mas principalmente pratos, pires e, claro, xícaras de chá. A atividade teria sido tremenda, um ar de concentração sobre todos. E tudo estaria sendo feito a partir de uma mesma substância, que dominava a fábrica e deixava sua marca em todo lugar. Todo o lugar estaria marcado por esse fino pó branco, uma mistura de minerais e ossos.

O próprio pó parecia bastante comum e até quando a água era acrescentada e se tornava um barro que podia ser trabalhado com a consistência de uma massa grudenta, não parecia ter muito valor. As xícaras teriam sido moldadas à mão na fábrica Wedgwood por uma mulher que tinha feito isso sua vida toda. Ela teria transformado a massa em uma xícara muito rapidamente, com a ajuda de uma roda de cerâmica e as mãos hábeis de um mestre artesão. Elas seriam colocadas em uma bandeja, frágeis e molhadas, quase sem força, como bebês prematuros. Sem ajuda, elas agora iriam secar, envergar, rachar e depois quebrar, como faziam as xícaras feitas de barro. Mas, em vez disso, seriam levadas para outra parte da fábrica.

Ali, um homem com dedos enormes e duros, junto com muita destreza, rapidamente construiria uma caixa chamada saggar a partir de um tipo de argila refratária (argila que consegue aguentar temperaturas especialmente altas e é, portanto, usada para proteger outro tipo de barro quando estão sendo aquecidos) e colocava todos dentro. Elas eram cuidadosamente organizadas para que nenhuma ficasse em contato com a outra. Então, quando estava tudo pronto, elas eram seladas dentro do saggar com uma peça final de argila. Deveria ser escuro dentro do saggar, e frio e úmido com elas todas ainda molhadas e fracas.

No dia seguinte, o saggar, junto com cerca de quinhentos outros, seria colocado cuidadosamente dentro de uma das fornalhas em formato de garrafas até estarem completamente cheios. A fornalha seria então selada e o carvão mineral embaixo dela seria acendido. Protegido pelo saggar, que estaria exposto à fumaça, as xícaras teriam permanecido com uma cor branca pura, secando lentamente quando a temperatura aumentava durante um dia, até que toda a água que estava retendo tivesse evaporado. Agora seria o estágio mais delicado do nascimento delas. Nesse ponto, as xícaras teriam ficado totalmente fracas, um grupo de cristais minerais unidos um com o outro, mas sem nada entre eles para atuar como cola, enquanto o saggar protegia das fortes correntes de ar superaquecido e da fumaça que teriam, de outra forma, quebrado as xícaras.

DE QUE SÃO FEITAS AS COISAS

Com o aumento da temperatura, os componentes dos minerais, os cristais, teriam começado a se metamorfosear. Átomos teriam dançado de um cristal para outro, construindo pontes entre eles e reorganizando toda a arquitetura interna da xícara em uma única massa sólida.

Então, quando a temperatura aumentava ainda mais, chegando a 1.300 ºC e toda a fornalha atingia o calor branco, a mágica teria começado a acontecer: alguns dos átomos fluindo entre seus cristais teriam se transformado em um rio de vidro. Agora, elas seriam, na maior parte, sólidos, mas também parcialmente líquidos. Seria como se as xícaras tivessem sangue correndo por suas veias na forma de vidro líquido. Esse líquido teria fluído em todos os pequenos poros entre os cristais e coberto todas as superfícies. Agora, ao contrário de todos os outros tipos de cerâmica, as xícaras eram sentidas como se estivessem livres de defeitos.

Teria demorado dois dias para que a fornalha esfriasse o suficiente para ser aberta, mas as xícaras ainda estariam muito quentes para serem removidas com segurança. Mesmo assim, uma tropa de homens fortes e robustos, negros pela fuligem e usando três camadas de roupas e casacos de lã, teriam entrado para tirá-las. Alguns saggar teriam rachado durante o aquecimento, expondo suas xícaras à fumaça e chamas da fornalha, um final triste para elas. Mas as xícaras Miodownik teriam ficado seguras dentro de seu útero saggar, até este ser aberto com cuidado, sendo distribuídas pelo mundo uma das mais extraordinárias porcelanas de pó de ossos. Elas seriam inspecionadas por defeitos e então, para teste final, em vez de bater no bumbum do bebê, cada uma teria que passar por um especialista.

O som de uma xícara é a forma mais clara e segura de saber se ela está bem formada internamente. Se houver algum defeito dentro, qualquer buraco que não foi enchido pelo rio de vidro que fluiu enquanto estavam sob o calor branco, elas vão absorver um

242

pouco do som e evitar a reverberação. O som dessa xícara será fraco. Mas uma xícara bastante densa vai ressoar muito. É esse som que foi tão importante na aceitação oficial dos Miodownik na sociedade, representada pelas xícaras. Toque em uma xícara de terracota e você não vai ouvir quase nada, ou um som fraco, no melhor dos casos. Mas como a porcelana na minha xícara é densa, sem nenhum defeito, ela manteve seu formato atraente e delicado, apesar de ser fina e translúcida como papel, por cerca de cinquenta anos, e ainda dá para ouvir força e vitalidade em seu som.

Essas xícaras foram usadas em todas as ocasiões especiais da família Miodownik. Eram parte do conjunto de chá usado quando a minha avó veio da Irlanda conhecer a nova casa da sua filha. Estavam lá quando toda a família se reuniu para comemorar o primeiro filho dos Miodownik, Sean. Estavam lá quando os vizinhos foram convidados para comemorar o Jubileu de Prata em 1977 e o tio Alan secretamente bebeu vodca em uma delas e caiu no jardim. Estavam no Natal em que Opa Miodownik espirrou, cobrindo toda a mesa de jantar com meleca e levando a uma confusão tão grande que uma das xícaras caiu da mesa e se quebrou no chão. Estavam lá quando cada um dos filhos Miodownik se casou, exceto Sean, que pulou de um avião no Havaí e se casou na praia.

Como presentes de casamento, essas apreciadas xícaras só viram o lado cerimonial da família Miodownik. Só foram trazidas para impressionar em ocasiões especiais. Nunca participaram da vida diária: não levaram chá na cama, nem até o jardim ao lado da pequena horta, nem para os meninos jogando futebol. Essas situações domésticas são o domínio da caneca, uma xícara de argila ou louça de menor qualidade. São grossas porque feitas de material muito fraco para sobreviver se não fosse assim. Baratas e bonitas, é seu formato e tamanho informais que a deixam tão caseira. O chá bebido nelas é bastante barato e alegre, também. É a bebida nacional britânica, apesar de ter origem chinesa. Seu papel é bastante diferente, no entanto, do chá servido pela Dinastia Han para mostrar sua riqueza e sofisticação. O chá na Grã-Bretanha é feito principalmente de um saquinho de chá contendo vários tipos de folhas misturadas. Gostamos que pareça escuro, marrom e com malta, uma cor associada a uma boa xícara de chá, mas na verdade nosso chá tem um sabor mais fraco se comparado a tipos mais puros. É bebido com leite para equilibrar os sabores mais amargos, e também nos conforta durante os dias frios e chuvosos. É uma bebida de sabores básicos, pouco sofisticada e sem pretensões, especialmente quando tomada em uma caneca.

A xícara de porcelana na qual estou bebendo chá no terraço da minha casa é a última do conjunto que meus pais ganharam em seu casamento. Desde aquela época, os tempos mudaram, e um conjunto de chá não é mais parte essencial do lar de recém-casados, porque sofisticação e refinamento não são mais julgados por boa porcelana e excelente chá. A porcelana precisou se reinventar como algo moderno e útil. Presentes de casamento, hoje em dia, incluem porcelana, mas normalmente na forma de pratos brancos e até canecas, mais modernas e, principalmente, compatíveis com lava-louças.

Sei que meu uso diário desta última xícara do conjunto dos Miodownik vai terminar levando a seu fim. Sempre que é servido chá nela, o calor dele causa estresse dentro de sua estrutura, o que aumenta as rachaduras, enquanto o peso do chá dentro dela faz com que mais algumas ligações atômicas se rompam. Pouco a pouco, as rachaduras aumentam de comprimento, comendo a xícara por dentro como se fosse um pequeno verme. Um dia, ela vai se romper em vários pedaços. Talvez eu não devesse usá-la, preservando-a como uma lembrança do casamento dos meus pais. Mas prefiro pensar que usá-la todo dia para beber chá é uma forma de celebrar o amor deles, e foi para isso que essa xícara foi criada.

10. Imortal

DE QUE SÃO FEITAS AS COISAS

Nos anos 1970, havia uma série de TV dos EUA chamada *O Homem de Seis Milhões de Dólares*. A premissa dessa série era que um astronauta chamado Steve Austin tinha sofrido um acidente terrível e estava perto da morte, por isso valia a pena tentar algumas cirurgias experimentais para reconstruir seu corpo e faculdades sensoriais. O procedimento foi feito não apenas para reconstruí-lo. Iria ser feita uma reengenharia, tornando-o "melhor, mais forte, mais rápido". A série não se estendia muito sobre os detalhes da complicada cirurgia e da implantação dos aparelhos biônicos envolvidos, mas mantinha o foco nas capacidades super-humanas do reconstruído Steve Austin, que agora conseguia correr muito rápido, pular cercas enormes e sentir o perigo à distância. Eu e meus irmãos adorávamos essa série e acreditávamos naquilo. Então, quando quebrei minha perna um dia, pulando de um brinquedo no parque, foi com um pouco de encanto e antecipação que viajei ao hospital em nosso Peugeot 504 roxo, com meus três irmãos, atrás, todos cantando com suas vozes agudas: "Podemos reconstruí-lo, melhor, mais forte, mais rápido..."

Chegando na Emergência do hospital, fui rapidamente examinado e diagnosticado. Minha perna foi realmente considerada quebrada, mas os médicos disseram que os mecanismos naturais de autocura dos meus ossos iriam reparar o problema. Isso foi uma notícia desapontadora para mim e parecia que os médicos não quiseram assumir suas responsabilidades. Por que não iam me reconstruir? Consultei minha mãe, e ela confirmou que até algo tão duro quanto o osso poderia se curar.

Os médicos explicaram que ossos têm um centro interno macio encapsulado por uma camada externa muito mais dura, um pouco como uma árvore; que em uma escala invisivelmente pequena, esse centro é feito de uma estrutura porosa, parecida com uma rede, e que isso permite que as células dentro do osso se movam constantemente, quebrando-o e remodelando-o. É por isso que os ossos, como os músculos, ficam mais fortes e mais fracos dependendo do uso, construindo-se em resposta a forças agindo sobre eles causadas por atividades como pular e correr, mas principalmente baseando-se no peso de uma pessoa. Um dos grandes problemas dos astronautas, me explicaram os médicos, era a perda de força dos ossos que ocorria quando nenhuma força atuava sobre eles por causa da inexistência de gravidade no espaço e eles me perguntaram se eu tinha ido ao espaço recentemente, achando que isso era incrivelmente engraçado. Fechei a cara para eles.

Apesar da remodelação que está acontecendo o tempo todo nos nossos ossos, para reparar bem uma perna quebrada é necessário que os dois lados da fratura permaneçam em perfeito contato um com o outro. O que, os médicos explicaram, significava que eu teria que passar por um tratamento para imobilizar minha perna por alguns meses – um tratamento que tinha origem na antiguidade, que tinha sido usado pelos antigos egípcios e os antigos gregos, e que não era nenhuma alta tecnologia. Bastava envolver minha perna com uma atadura firme.

Os egípcios usavam linho e as mesmas técnicas envolvidas na mumificação para esse propósito; os gregos usavam panos, casca de árvore, cera e mel. O que me puseram, no entanto, era feito de gesso, uma inovação turca do século XIX. Gesso é uma cerâmica feita de gipsita mineral desidratada que, ao ser misturada com água, se torna dura como cimento. O gesso é muito frágil para ser usado sozinho, no entanto. Vai simplesmente quebrar em pedaços depois de alguns dias. Mas quando misturado com faixas de algodão, torna-se muito mais duro, as fibras das faixas reforçam o cimento e impedem o crescimento das rachaduras. Dessa forma, ele vai proteger uma perna quebrada durante semanas. A maior vantagem dele sobre os métodos egípcios e gregos foi que não tive que

DE QUE SÃO FEITAS AS COISAS

ficar confinado à cama pelos três meses que demorou para minha perna se reparar. O gesso é duro e forte o suficiente para aguentar o peso de uma pessoa e suportar as batidas que ocorrem quando estamos andando com apoio de bengalas, enquanto permite uma recuperação perfeita. Até essa inovação material, uma perna quebrada geralmente terminava com alguém mancando para sempre.

Ainda me lembro do momento em que o gesso molhado estava sendo aplicado às faixas que tinham sido enroladas ao redor da minha perna. Foi uma estranha combinação de calor, causada pela reação da gipsita com a água, e alfinetadas quando as faixas macias cercando minha pele iam ficando duras. Senti uma súbita coceira no meio da minha perna e tiveram que me segurar para não tentar coçar, o que foi um grande sofrimento. Nos meses seguintes, aquela coceira voltou várias vezes, normalmente no meio da noite, mas eu não podia fazer nada. Era o preço que eu tinha que pagar, falou minha mãe, para ser reconstruído como o Homem de Seis Milhões de Dólares. Reclamei que não estava sendo reconstruído – gostaria de *estar* sendo reconstruído –; na verdade, eles só estavam fazendo meu corpo se autocurar. Não ia ficar mais rápido, mais forte ou melhor do que antes, seria o mesmo, o que significava que continuaria a não ser muito rápido nem muito forte. Minha mãe me mandou, com certa razão, ficar quieto.

Minha vida, desde então, foi pontuada por uma série de ferimentos sérios e as respectivas visitas hospitalares. Não quebrei todos os ossos do meu corpo, mas tentei. Quebrei costelas e dedos, abri minha cabeça, atravessei o vidro, rompi o revestimento do estômago, fui esfaqueado; mas depois de cada incidente meu corpo se curou, sob a supervisão dos médicos. Em toda a minha vida, só houve dois problemas que exigiram que os médicos me "reconstruíssem". O primeiro foi há algum tempo, mas continuou como um problema recorrente desde então.

248

Começou como uma dor leve na minha boca que, depois de uns dias, se tornou uma dor mais forte e aguda localizada em um dos meus dentes. Tomar bebidas quentes só piorava e então, um dia, enquanto mordia um sanduíche ouvi um barulho horrível, o tipo de som que faz sua pele arrepiar. Foi ainda pior, pois vinha de dentro da minha boca, e pior ainda por estar acompanhado por uma dor intensa que parecia viajar como um raio através do teto da minha boca até meu cérebro. Explorei cautelosamente a área danificada com a língua e, para meu horror, descobri pontas onde antes havia um dente duro. Sentia como se meu dente tivesse se cortado pela metade, e tinha sido assim. Depois disso, não conseguia comer nada ou dormir, porque um dos meus nervos parecia ter sido exposto pelo dano e estava ultrassensível a qualquer coisa que entrasse em contato com o dente, doendo muito sempre que isso acontecia. Minha boca agora parecia ser uma zona proibida e eu não conseguia pensar em nada, a não ser em como parar a dor.

Os egípcios e gregos não conseguiriam reparar isso. Nossos ancestrais viveram com cavidades nos dentes, e conviviam diariamente com dores de dente. Quando a dor ficava muito ruim, o dente era arrancado, fosse pelo ferreiro local, usando suas ferramentas, ou, se tivessem sorte, por um médico treinado. Com o avanço da medicina, surgiu a anestesia para acalmar a dor, como o láudano, uma infusão do ópio.

Em 1840, a invenção de uma liga que englobava principalmente prata, estanho e mercúrio, chamada amálgama, foi o ponto em que tudo mudou. Em sua forma preliminar, amálgama é um metal, líquido à temperatura ambiente por causa do seu conteúdo de mercúrio. No entanto, quando está misturado com outros componentes, uma reação acontece entre o mercúrio, a prata e o estanho que resultava em um novo cristal, totalmente sólido e duro. Esse material milagroso poderia ser esguichado em uma cavidade enquanto estava líquido e depois endurecia. Quando se solidifica, o amálgama também se expande um pouco, preenchendo a cavidade para se tornar fortemente conectado ao dente. Obturações feitas de amálgama eram muito superiores às equivalentes feitas de chumbo e estanho, que tinham sido tentadas, mas eram muito macias para durar muito tempo e não podiam ser colocadas na cavidade como líquido sem serem aquecidas a temperaturas muito mais altas, causando incrível dor no processo.

Cento e cinquenta anos depois que essa liga tinha sido usada pela primeira vez para tratar cavidades de forma mais barata e sem arrancar o dente, eu recebi minha primeira obturação com amálgama. Ainda a tenho e posso sentir sua superfície macia e polida com minha língua. A obturação me transformou de um garoto destruído física e mentalmente em um cara sadio, provavelmente irritante, de novo. Desde então tenho outras oito obturações, as quatro primeiras usando amálgama e as outras quatro usando um composto de resina. Essas obturações compostas são uma combinação de um forte plástico transparente e um pó de sílica que faz com que sejam duras e resistentes, também combinando mais com a cor do dente do que as amálgamas. Essas obturações, como a amálgama, são moldadas na cavidade enquanto estão líquidas. Quando estão no lugar, no entanto, uma pequena luz ultravioleta é introduzida na boca, que ativa uma reação química dentro da resina, endurecendo-a quase instantaneamente. A outra opção moderna é a remoção do dente com problemas e sua substituição completa por uma réplica em porcelana (zircônia). Isso tende a ser mais difícil de usar do que obturações compostas e a cor combina ainda mais também. Sem esses biomateriais dentais, eu teria agora poucos dos meus próprios dentes.

Há um outro biomaterial, no qual também confio até hoje, que foi inserido em meu corpo em 1999 enquanto estava trabalhando no Novo México. Minha relação com ele começou por jogar futebol. Tinha a bola nos meus pés e estava executando uma virada rápida quando senti uma dor no meu joelho, acompanhada por um barulho de estalo muito distinto. A ideia de que simplesmente girando meu joelho, sem nenhum impacto externo, eu poderia mecanicamente quebrá-lo parecia estranho. Mas foi o que aconteceu. Tinha rompido um dos ligamentos que deixa meu joelho direito no lugar, chamado de ligamento cruzado anterior.

Ligamentos são os elásticos do corpo. Junto com nossos músculos e tendões, que conectam nossos músculos a nossos ossos, eles mantêm nossas juntas unidas e fazem com que sejamos flexíveis. É papel do ligamento conectar um osso ao outro. São viscoelásticos, o que significa que vão se esticar imediatamente até certo ponto, mas depois, se isso se mantiver, vão fluir e se alongar. É parte do motivo pelo qual os atletas fazem exercícios de alongamento para deixar suas juntas mais flexíveis: estão estendendo seus ligamentos. Apesar de ter um papel tão vital em nossas juntas, os ligamentos não possuem suprimento de sangue; assim, quando eles se rompem, é virtualmente impossível que voltem a crescer. Dessa forma, para ter uso completo do meu joelho de novo, eu precisaria substituí-lo.

Há várias técnicas cirúrgicas para isso. Meu cirurgião optou por usar parte do meu próprio tendão para remodelar meu ligamento cruzado anterior, mas, para anexá-lo mecanicamente a meu joelho ele precisou usar uns pinos. Pinos que, se eu quisesse jogar futebol ou ir esquiar de novo, teriam que manter o ligamento substituído de forma segura no lugar.

Nossos corpos são muito exigentes com materiais colocados dentro deles. A maioria dos materiais é rejeitado, mas titânio é um dos poucos metais tolerados. Mais do que isso, titânio se submete à osteointegração, o que significa que vai formar fortes conexões

DE QUE SÃO FEITAS AS COISAS

com o osso vivo. Isso é útil se você quiser conectar um pedaço de tendão com um osso e ter certeza de que a conexão não vai se enfraquecer e se soltar com o tempo. Meus pinos de titânio ainda estão no lugar mais de dez anos depois, e por causa da incrível combinação de força e inércia química do material – há poucos metais que não reagem de alguma forma com o corpo; até o aço inoxidável não é impenetrável aos rigores químicos da vida dentro do corpo –, eles devem estar em perfeitas condições. Graças a sua forte cobertura superficial de óxido de titânio, o titânio pode durar muito tempo, e certamente espero que o meu dure. O titânio também pode aguentar altas temperaturas, e assim os pinos provavelmente poderão ser a última parte do meu corpo a serem reconhecidas se eu morrer e for cremado. Quando voltarem a aparecer, espero que meus parentes deem o merecido crédito, pois sem eles eu não poderia ter feito muitas das coisas que adoro fazer: correr, jogar futebol com minha família ou caminhar nas montanhas. Os pinos de titânio, e meu cirurgião, me devolveram meu atletismo, por isso tenho uma enorme dívida com eles.

Ainda não estou morto, claro, e gostaria de manter minha forma física e saúde por outros cinquenta anos. Para fazer isso, quase certamente terei que reconstruir mais algumas partes. Ver a atual tecnologia me dá esperanças, pois apesar de termos um longo caminho até chegarmos à tecnologia do Homem de Seis Milhões de Dólares, nos últimos quarenta anos avançamos muito nessa frente.

A seguir, há uma foto do meu avô, que morreu com 98 anos. Ele teve uma longa vida e estava mentalmente ativo e capaz de caminhar, apesar de usar uma bengala, até sua morte. Nem todo mundo teve a mesma sorte. Mesmo assim, ele teve muitos problemas de saúde, e diminuiu bastante de tamanho. Um declínio assim é inevitável, ou no futuro seremos capazes de combater os grandes efeitos do envelhecimento ao reconstruir o corpo humano? As no-

Minha mãe caminhando com meu avô em 1982.

vas tecnologias dos laboratórios de pesquisa biomédicos me permitem imaginar que vou poder chegar à idade de 98 anos ainda conseguindo caminhar, correr e até esquiar com a mesma saúde e mobilidade que tenho agora aos 43?

Em termos de mobilidade, as primeiras coisas a se desgastarem no corpo não são os músculos ou os ligamentos (tive muito azar), mas as superfícies internas das juntas. As juntas do joelho e do quadril são especialmente vulneráveis nesse sentido porque são mecanismos de movimento complicados que suportam muito peso, mas juntas de cotovelo, ombro e dedo também se desgastam. Esse desgaste mecânico resulta na dolorosa e crônica condição da osteoartrite. Outro tipo de artrite, a reumatoide, é causada pelo sis-

DE QUE SÃO FEITAS AS COISAS

tema imunológico do corpo atacando as juntas e possui um efeito similar. Mas se suas juntas se destroem, ou se você fizer isso por elas ao bater o carro ou praticar esportes, quando perder o uso do seu quadril, joelho, cotovelo ou qualquer outra junta, nenhuma quantidade de descanso ou imobilização vai resolver o problema. Ao contrário do resto dos seus ossos, as superfícies internas das suas juntas não vão se curar sozinhas. Isso acontece porque não são feitas de osso.

A substituição das juntas do quadril já existe há um bom tempo. A primeira tentativa de substituir uma junta de quadril foi em 1891 e usou marfim, mas titânio e cerâmica são mais usados agora. Essas juntas substitutas foram um grande sucesso, parcialmente porque o mecanismo dos quadris é bastante simples: um único mecanismo de soquete e bola, que permite que nossas pernas sejam giradas de muitas formas (a maioria não acontece naturalmente – se você já praticou yoga, sabe do que estou falando). Existe até um ritual social criado para mostrar movimentos do quadril, chamado dançar, e sucesso nessa área, combinado com boa roupa, pode fazer com que alguém seja *cool*.

Nossos quadris são formados dentro do útero: uma bola de ossos cresce no alto do fêmur, o osso dentro da sua coxa, e isso se encaixa perfeitamente dentro do soquete na sua pélvis. A partir desse ponto, esses dois ossos crescem no mesmo ritmo, garantindo que, quando formos grandes, a junta ainda vai se encaixar. As superfícies desses (e todos os outros) ossos, no entanto, são bastante ásperas, assim seu corpo cria uma camada externa de tecido, chamada cartilagem, para revestir o soquete no ponto em que os dois ossos se tocam. Esse tecido é mais macio que o osso, mas muito mais rígido que o músculo e cria uma interface macia entre os dois ossos agindo, também, como um absorvedor de choques. A junta é mantida unida pelos ligamentos, músculos e tendões, que limitam seu movimento e evitam que a bola seja arrancada do soquete quando você corre, pula e, sim, dança. Quando sofremos de artrite, é essa cartilagem que foi danificada, e ela não volta a crescer.

Uma substituição de quadril envolve, então, serrar essa bola do alto do seu fêmur e substituí-la por uma bola de titânio. Um novo soquete, feito para combinar com o tamanho dessa bola, é colocado na sua pélvis e unido com um polietileno de alta densidade, que age como a cartilagem. Essas substituições restauram a mobilidade completa e podem durar dezenas de anos, só precisando de substituição quando o polietileno se desgasta. Novas versões dessas juntas de quadril artificial foram feitas para se unir tão bem que a almofada de polietileno não é necessária, mas ainda é muito cedo para saber se elas vão durar, já que podem existir outros problemas de desgaste causado pelo encontro direto de metal com metal ou, no caso de implantes mais novos, cerâmica contra cerâmica. Mesmo assim, a substituição de quadris agora é uma operação muito rotineira, e já ajudou milhões de pessoas a recuperar sua mobilidade na velhice.

Substituição de juntas do joelho funcionam de maneira similar, exceto pelo fato de que a junta tem um mecanismo mais complicado: não é uma junta bola-soquete, e mesmo assim deve permitir os movimentos de dobrar e girar. Da próxima vez que estiver sentado em um café sem nada para fazer a não ser ver o mundo passar, dê uma olhada na forma como as pessoas caminham. É com o joelho – o que significa que você empurra seu joelho à sua frente, posicionando-o acima do ponto onde você deseja plantar seu próximo passo, permitindo que a perna mais baixa e o pé se posicionem abaixo. Quando plantado, o pé precisa ajustar seu ângulo ao terreno, girando ou inclinando, sendo que as duas coisas também envolvem complexos ajustes de joelho e realinhamento. Correr é ainda mais estressante para o joelho, já que deve fazer tudo isso enquanto está

DE QUE SÃO FEITAS AS COISAS

sendo atingido por impactos repetidos. Tente caminhar sem dobrar os joelhos e vai ver como essa junta é importante para a mobilidade.

Acho a perspectiva de substituir totalmente as juntas do joelho e do quadril nos próximos dez ou vinte anos algo bastante intimidador, apesar de que, se a cirurgia for necessária para que eu consiga me mover, então, claro, vou fazê-la. Mas dez anos é muito tempo em termos de medicina e ciência dos materiais, e estão sendo feitas pesquisas agora que podem permitir que eu evite isso por facilitar o crescimento da minha cartilagem danificada dentro dessas juntas.

A cartilagem é um material vivo complexo. Como um gel, possui um esqueleto interno feito de fibras, em seu caso feito principalmente de colágeno. (Colágeno é um primo molecular da gelatina e a molécula de proteína mais comum no corpo humano, responsável por dar à pele e outros tecidos sua firmeza elástica – e é por isso que os cremes antirrugas geralmente mencionam a inclusão de colágeno em suas fórmulas.) Ao contrário do gel, no entanto, dentro desse esqueleto há células vivas, que são responsáveis por criá-lo e mantê-lo. Essas células são chamadas de células condroblastos. Agora é possível criar células condroblastos a partir das próprias células-tronco do paciente. No entanto, simplesmente injetá-las em uma junta existente não resulta na reparação da cartilagem, parcialmente porque as células não conseguem sobreviver fora de seu habitat natural, seu esqueleto de colágeno. Na ausência desse habitat, elas morrem. Seria como tentar reiniciar a corrida humana colocando homens na lua: sem a infraestrutura de uma cidade, as pessoas não sobreviveriam.

O necessário é a criação de uma estrutura temporária dentro da junta que imita um pouco da arquitetura interna básica da cartilagem. Introduzir células condroblastos neste andaime, como é chamado, permite que cresçam, se dividam e aumentem sua população, e ao fazer isso dá a elas tempo e espaço para reconstruir seu

256

habitat e repovoar a cartilagem. O melhor dessa visão de andaime é que ou as células em si podem consumir o andaime ou ele pode ser criado para se dissolver assim que as células terminarem de construir seu habitat, deixando a cartilagem pura dentro do joelho ou do quadril.

A ideia de reconstruir o tecido da cartilagem usando um andaime pode parecer forçada, mas é um método estabelecido, tendo como pioneiro o professor Larry Hench, na década de 1960. Ele foi desafiado por um coronel do exército para encontrar uma forma de ajudar a regenerar os ossos de veteranos da Guerra do Vietnã que, de outra forma, seriam amputados: "Podemos salvar vidas, mas não podemos salvar membros. Precisamos de novos materiais que não serão rejeitados pelo corpo". Hench e outros procuraram materiais que poderiam combinar melhor com o osso e descobriram um chamado hidroxiapatita, um mineral que ocorre no corpo e se conecta fortemente com o osso. Eles experimentaram com muitas fórmulas e no final descobriram que, quando feito na forma de um vidro, tinha propriedades extraordinárias. Descobriu-se que esse vidro bioativo era poroso, o que significa que contém pequenos canais. Células de ossos, chamadas osteoblastos, gostavam de habitar esses canais, e enquanto criavam novo osso destruíam o biovidro ao redor deles, como se estivessem comendo.

Essa engenharia de tecidos funcionou muito bem e agora é usado para fornecer enxerto de osso sintético e reconstruir os ossos do crânio e do rosto. Ainda não é usado em ossos mais estruturais, que precisam aguentar peso, já que é necessário um tempo considerável para reconstruir os ossos e só o andaime não consegue aguentar forte estresse enquanto isso acontece. A atual estratégia para construir essas estruturas maiores é fazer isso no laboratório, uma vez que o processo de andaime funciona não apenas dentro do corpo, mas fora também. Nesse caso, as células devem ser nu-

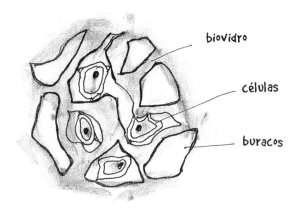

Material andaime de biovidro com células crescendo dentro da estrutura.

tridas em um biorreator, que imita a temperatura e umidade do corpo humano enquanto também fornece células com nutrientes. O sucesso dessa tecnologia abriu a possibilidade de construir partes do corpo substitutas completamente funcionais em sua totalidade. Os primeiros passos nessa direção já foram dados, com o bem-sucedido desenvolvimento de uma traqueia humana criada em laboratório.

    O projeto começou com um paciente que tinha a traqueia doente e precisava ser removida porque estava atacada pelo câncer. Sem um substituto, o paciente precisaria de ajuda mecânica para respirar pelo resto da vida. O primeiro passo foi escanear o paciente usando uma técnica de raio X comum em hospitais, chamada tomografia computadorizada. Tomografias computadorizadas geralmente são usadas para encontrar massas cancerígenas no cérebro e outros órgãos. Mas nesse caso a tomografia computadorizada foi usada para fornecer uma imagem 3D da traqueia do paciente. Essa imagem foi, então, levada a uma impressora 3D, um novo tipo de técnica de fabricação que cria objetos inteiros a partir da informação digital. A forma como ela funciona não é diferente de uma impressora normal, exceto que em vez de expressar pontos de tinta em uma página, a impressora libera bolhas de material, depositando uma camada do objeto de cada vez e gradualmente construindo o objeto, uma camada sobre a outra. A técnica pode agora ser usada para imprimir não apenas objetos simples, como xícaras e garrafas, mas coisas mais complexas com partes móveis, como dobradiças e motores. Atualmente, a tecnologia pode imprimir em uma centena de materiais diferentes, incluindo metais, vidro e plástico. Usando uma impressora 3D, o professor Alex Seifalian e sua equipe criaram uma réplica exata da traqueia de seu paciente feita de um material andaime especial que tinham desenvolvido sob medida para acomodar as células-tronco do paciente.

O papel das células-tronco nos adultos é renovar os tecidos, e cada tipo de célula tem uma célula-tronco equivalente para produzi-la. As células-tronco que produzem células dos ossos são chamadas células mesenquimatosas. Tendo construído o andaime, a equipe do professor Seifalian implantou-o com as células-tronco mesenquimatosas tiradas da medula óssea do paciente e colocou todo o objeto dentro do biorreator. Essas células-tronco então se transformaram em vários tipos de células diferentes que começaram a construir cartilagem e outras estruturas, criando um ambiente celular vivo e autossustentável enquanto dissolviam o andaime ao seu redor. No final, tudo que sobrava era uma nova traqueia.

Uma das maiores vantagens dessa técnica é que o implante é feito com as próprias células do paciente, e depois de implantadas, tornam-se parte de seu corpo. O paciente, portanto, não precisa tomar nenhuma droga imunossupressora, que possui importantes efeitos colaterais, para evitar que o corpo rejeite o transplante. (Suprimir o sistema imunológico para proteger o implante pode fazer com que o paciente se torne muito mais vulnerável a infecções de todos os tipos, assim como parasitas.) No entanto, para que o tra-

O andaime da traqueia, desenvolvido pela equipe do professor Seifalian, com células-tronco incorporadas antes do transplante.

tamento seja eficiente, o corpo precisa desenvolver um suprimento de sangue para a traqueia e, por enquanto, ainda falta ver se o corpo consegue desenvolver bem essas conexões. A ecologia celular da traqueia também deve permanecer estável para que a traqueia mantenha esse formato e permita que o paciente respire normalmente. Um outro problema é a esterilização. São delicados os polímeros com os quais o andaime é impresso, e eles não conseguem sobreviver às altas temperaturas da esterilização tradicional. Mesmo assim, apesar de todos esses desafios, o primeiro transplante de traqueia feito a partir das próprias células-tronco de um paciente foi completado em 7 de julho de 2011.

O sucesso dessa tecnologia acelerou o progresso em direção à produção de uma nova geração de materiais de andaime. Uma traqueia precisa ser mecanicamente funcional e desenvolver um suprimento de sangue para sobreviver em longo prazo, mas não é um órgão com um papel regulador no corpo. O próximo desafio é criar fígados, rins e até corações. Por enquanto, se você perder a função de algum desses órgãos importantes, é necessário um transplante para restaurar sua saúde. Tais transplantes exigem que os doadores de órgãos sejam saudáveis e biologicamente compatíveis com você, e também será necessário tomar remédios pelo resto da vida para evitar a rejeição do órgão. Mas, como, na maioria dos casos, os doadores de órgãos são a única esperança para que os pacientes consigam recuperar a saúde e a independência que já desfrutaram, há poucos disponíveis.

Essa falta crônica tem três efeitos. Primeiro, significa que pacientes sem rim ou fígado precisam de cuidados médicos por muito tempo, o que é muito caro e acaba com a independência deles. Segundo, pacientes esperando por transplantes de coração geralmente morrem antes de encontrar um órgão compatível. Finalmente, existe um crescente mercado negro de órgãos, o que significa que os pobres, principalmente nos países em desenvolvimento, estão sofrendo grande pressão para vender seus órgãos. Essa prática foi documentada em vários estudos, um dos mais recentes feito pela Universidade Estadual de Michigan, que mostrou como 33 pessoas que venderam seus rins em Bangladesh não receberam o dinheiro que havia sido prometido e sofreram com sérios problemas de saúde como resultado da cirurgia. Tipicamente, a prática envolve ser levado a outro país e a um hospital privado onde o receptor rico espera o órgão e onde acontece a operação. O preço médio de um rim é cotado em US$ 1.200.

Esses problemas não vão desaparecer a menos que seja desenvolvido um tratamento alternativo aos transplantes de órgãos. A engenharia de tecidos usando andaimes biomateriais é, atualmente, a tecnologia alternativa mais promissora. Claramente, os desafios são enormes. Esses órgãos têm estruturas internas complexas e geralmente contêm muitos tipos diferentes de células, que interagem para realizar a função do órgão. No caso dos rins e fígados, eles precisam não apenas desenvolver um suprimento de sangue, mas também estar conectados às principais artérias do corpo. O coração é um problema especialmente sério porque temos só um, e sem seu funcionamento, morremos. Vários tipos de coração arti-

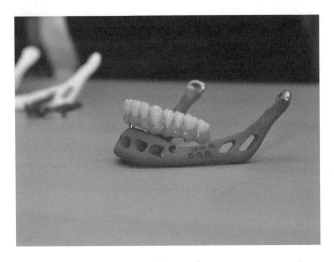

Mandíbula artificial criada usando uma impressora 3D.

ficial foram desenvolvidos, mas o máximo que alguém sobreviveu com um deles foi um ano.

É provável que a impressão 3D desempenhe um papel central em qualquer tecnologia que envolva a criação de novos órgãos. Essas impressoras 3D já são amplamente usadas para criar implantes dentários e, em 2012, essa mesma tecnologia foi usada para criar uma mandíbula artificial para uma mulher de 83 anos. Essa mandíbula foi feita de titânio, mas a impressão de um material de andaime para acomodar as células que vão se transformar no osso do próprio paciente está se tornando cada vez mais possível.

Todas as peças do quebra-cabeça parecem estar no lugar para uma reengenharia completa dos principais órgãos do corpo humano, e assim não parece absurdo pensar que quando eu tiver 98 anos, poderei ter um novo coração, alguns outros órgãos substitutos e novas juntas que poderão me manter em forma e saudável. Mas seria como o Homem de Seis Milhões de Dólares, "melhor, mais forte e mais rápido"?

É difícil dizer, mas a resposta é provavelmente não. Isso porque muito do que nos faz envelhecer não é a idade das nossas células, mas a deterioração dos sistemas que as geram. Envelhecer é o equivalente celular do telefone sem fio: cada geração de células não consegue regenerar a estrutura que herdou e, assim, erros e imperfeições vão aparecendo. Minha pele envelheceu não porque minhas células da pele têm 43 anos – elas não têm; estão sendo constantemente substituídas por novas células geradas por minhas células-tronco adultas –, mas porque, com o tempo, começaram a aparecer problemas e imperfeições na estrutura da minha pele e elas foram repassadas de uma geração de células para a seguinte. Formam-se manchas, a pele afina, rugas aparecem. Esses problemas vão continuar a se reproduzir.

O mesmo acontece com o sistema cardiovascular. Doenças circulatórias são responsáveis por quase 1/3 de todas as mortes no Reino Unido, mais do que qualquer outro caso de morte. Em outras palavras, existem grandes chances de que eu morra de um ataque do coração ou um derrame. Isso é essencialmente um problema mecânico do sistema cardiovascular, a rede de coração, pulmões, artérias e veias que mantêm o corpo funcionando. Mas enquanto os cirurgiões se tornaram muito bons em consertar o sistema, limpando o encanamento quando algo sai errado e até substituindo partes dele com transplantes (ou implantes criados artificialmente), isso não muda o fato de que todo o sistema já foi muito usado. Um sistema cardiovascular de 98 anos que foi reparado ainda possui 98 anos e vai ficar cada vez mais vulnerável a problemas. No futuro próximo, substituir todo o sistema vascular não será possível.

O lado bom de tudo isso é que, apesar de estarem se tornando cada vez mais eficientes em criar e substituir partes do corpo, as interconexões entre esses diferentes órgãos e os milhares de dife-

DE QUE SÃO FEITAS AS COISAS

rentes sistemas dos quais nossos corpos dependem vão continuar a apresentar defeitos que prejudicam o desempenho. Ainda vamos ficar velhos.

Implantes sintéticos são uma solução radical para o problema de algumas partes do corpo se desgastando antes do resto, mas não são uma solução para o problema final (se pudermos chamar assim) da morte: o que eles oferecem é uma vida melhor. Membros robóticos já foram desenvolvidos para substituir os perdidos por pessoas amputadas. Esses aparelhos eletromecânicos conectam os impulsos nervosos emitidos pelo cérebro com a parte do corpo perdida e traduzem esses impulsos no equivalente aperto de mão ou movimento da perna no membro artificial. A mesma tecnologia agora foi usada para ajudar pessoas que estão paralisadas do pescoço para baixo a controlar membros robóticos e recuperar uma parte da independência. Apesar de essas tecnologias serem criadas para pessoas com deficiências ou paralisadas, elas poderiam ser usadas por alguém que perdeu o movimento como resultado da velhice.

Esse é um futuro diferente daquele oferecido pela engenharia do tecido: é um futuro biônico onde nossa mobilidade e conexão material com o mundo se tornam cada vez mais mediadas por componentes sintéticos e eletrônicos. Essa é a tecnologia que foi imaginada em *O Homem de Seis Milhões de Dólares*, que permitiu que ele fosse "melhor, mais forte, mais rápido". No dinheiro de hoje, esses seis milhões de dólares seriam 35 milhões de dólares, e, apesar de ser um número fictício, mostra uma importante verdade sobre as tecnologias de extensão da vida: são caras. A tecnologia que vai nos permitir levar vidas saudáveis até os cem anos provavelmente vai custar muito dinheiro. Quem vai pagar? Será um luxo? Só os ricos poderão jogar tênis com 98 anos enquanto o resto de nós estará em cadeiras de rodas? Ou a tecnologia simplesmente vai permitir que vivamos por mais tempo, fazendo com que seja normal continuar até os 80 ou 90 anos? Prefiro o segundo futuro, mas se 35 milhões de dólares é o valor certo, então a maioria nunca vai ser capaz de pagar, não importa quantos anos trabalhemos.

Eu provavelmente viverei até os 98 anos. Seja encolhendo até a metade da minha altura e caminhando devagar com uma bengala, como meu avô, ou jogando tênis e futebol com meu neto, será tanto pelas incríveis pesquisas com biomateriais quanto pelo sucesso da economia da medicina. Espero, no entanto, que o canto dos meus irmãos há tantos anos – "Podemos reconstruí-lo melhor, mais forte, mais rápido" – se torne verdade. Não seria nada mal um pouco de imortalidade.

11. Síntese

DE QUE SÃO FEITAS AS COISAS

Neste livro, repassei nosso mundo material em uma tentativa de mostrar que, apesar de os materiais ao nosso redor poderem parecer bolhas de matérias com cores diferentes, são, na verdade, muito mais do que isso: são expressões complexas das necessidades e desejos humanos. E para criar esses materiais – para satisfazer nossa necessidade por coisas como abrigo e roupas, nosso desejo de chocolate e cinema – tivemos que fazer algo bastante incrível: dominar a complexidade de suas estruturas internas. Essa forma de compreender o mundo é chamada ciência de materiais, e tem milhares de anos. Não é menos significativa, menos humana, do que a música, a arte, o cinema, a literatura ou as outras ciências, mas é muito menos conhecida. Neste capítulo final, quero explorar a linguagem da ciência de materiais de forma mais completa, porque ela oferece um conceito unificador que engloba todos os materiais, não apenas os que consideramos em detalhe ao longo deste livro.

Esse conceito unificador é, apesar de um material parecer e ser sentido como monolítico, apesar de aparentar ser bastante uniforme, uma ilusão: materiais são, na verdade, compostos de muitas diferentes entidades que se combinam para formar o conjunto, e essas diferentes entidades se revelam em diferentes escalas. Estruturalmente, qualquer material é como uma boneca russa: composto de muitas estruturas encaixadas, quase todas invisíveis a nossos olhos, cada uma sendo menor e cabendo exatamente dentro da anterior. É essa arquitetura hierárquica que dá aos materiais suas complexas identidades – e, em um sentido muito literal, também nos dá nossas identidades.

Uma das estruturas materiais mais fundamentais é o átomo, mas não é a única estrutura de importância. Em escalas maiores, há deslocamentos, cristais, fibras, andaimes, géis e espumas, para citar algumas que foram mostradas neste livro. Tomadas de forma

268

isolada, essas estruturas são como personagens em uma história, cada uma contribui com algo para o formato geral. Às vezes um personagem domina a história, mas só quando são colocados juntos de novo eles explicam completamente por que os materiais se comportam da maneira que fazem. Como já vimos, o motivo pelo qual uma colher de aço inoxidável não tem gosto de nada é porque os átomos de cromo dentro de seus cristais reagem com o oxigênio no ar para formar uma camada protetora invisível de óxido de cromo na superfície. Se você riscar sua superfície, essa camada protetora vai voltar a crescer mais rapidamente do que a formação de ferrugem. É por isso que somos a primeira geração a não sentir o gosto de nossos talheres. Essas explicações moleculares são satisfatórias, mas nesse caso elas só se aplicam a um aspecto do material: sua falta de gosto. Uma compreensão total de por que o aço inoxidável se comporta dessa forma exige que você considere todas as estruturas que o compõe.

Quando você começa a olhar para os materiais dessa forma, logo percebe que todos eles possuem um conjunto comum de estruturas internas. (Para pegarmos os exemplos mais simples, todos os materiais são feitos de átomos.) E não vai demorar muito para você descobrir que metais têm muito em comum com plásticos que, por sua vez, têm muito em comum com pele, chocolate e outros materiais. Para visualizar essa conexão entre todos os materiais, precisamos de um mapa dessa arquitetura estilo boneca russa – não um mapa normal que mostra a variedade de terrenos em uma única escala, mas um mapa que mostra o terreno em uma variedade de escalas: o espaço interno dos materiais.

Vamos começar com os ingredientes primários: os átomos. Eles são aproximadamente dez bilhões de vezes menores do que nós, e essas estruturas em escala atômica são, obviamente, invisíveis a nossos olhos. Sobre a Terra, existem naturalmente 94 tipos

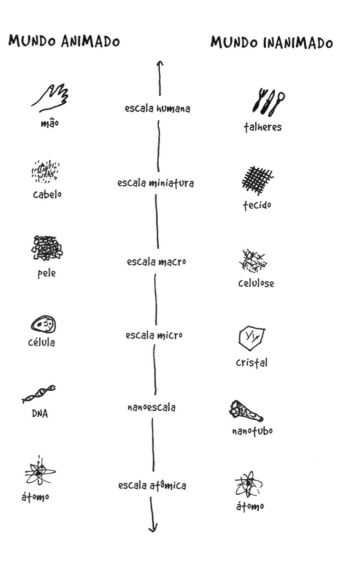

de átomos, mas oito deles formam 98,8% da massa da Terra: ferro, oxigênio, silício, magnésio, enxofre, níquel, cálcio e alumínio. O resto são, tecnicamente, elementos-traço, incluindo o carbono. Temos a tecnologia para transformar alguns dos comuns nos raros, mas isso exige um reator nuclear, que custa ainda mais dinheiro que a mineração e cria muito lixo radioativo. É essencialmente por isso que o ouro ainda é valioso no século XXI. Se juntado, todo o ouro já retirado do solo caberia dentro de um grande barracão. Mesmo assim, a raridade de certos tipos de átomos no planeta, como o neodímio ou a platina, que são úteis tecnologicamente, pode não ser um grande problema, porque um material não é definido apenas por seus ingredientes atômicos. Como agora sabemos, a diferença entre o diamante transparente duro e o grafite preto macio não tem a ver com seus átomos: ambos são feitos *exatamente* do mesmo elemento puro, o carbono. É pelas mudanças na forma como estão organizados, pela alteração de uma estrutura cúbica em camadas de folhas hexagonais que as diferenças radicais em suas propriedades materiais são formadas. Essas estruturas não são arbitrárias – não dá para criar nenhuma estrutura –, são governadas pelas regras da mecânica quântica, que trata os átomos não como partículas singulares, mas como uma expressão de muitas ondas de probabilidade. (É por isso que faz sentido se referir aos próprios átomos como estruturas, assim como sua formação quando se conectam entre si.) Algumas dessas estruturas quânticas criam elétrons que podem se mover, e isso resulta em um material que pode conduzir eletricidade. O grafite tem essa estrutura, e por isso conduz eletricidade. Exatamente os mesmos átomos em um diamante, mas em uma estrutura diferente, não permitem que os elétrons se movam tão facilmente dentro do cristal, e assim os diamantes não conduzem eletricidade. Também é por isso que são transparentes.

Essa aparente alquimia ilustra que mesmo com um conjunto muito restrito de ingredientes atômicos, você pode criar materiais com propriedades bastante diferentes. Nosso corpo é um excelente exemplo disso: somos feitos principalmente de carbono, hidrogênio, oxigênio e nitrogênio, e mesmo assim, por meio de sutis reorganizações da estrutura molecular desses ingredientes, e uma pitada de uns poucos minerais como cálcio e potássio, é formada uma imensa diversidade de biomateriais, de cabelo a ossos e pele. É difícil superestimar a importância tanto filosófica quanto tecnológica desse ditado da ciência de materiais: conhecer a composição química básica não é suficiente para entender a materialidade. É, afinal, o que torna o mundo moderno possível.

Para fazer qualquer material, então, precisamos unir átomos. Se você reúne uns cem deles, tem o que se chama de nanoestrutura. "Nano" significa "um bilionésimo", e esse mundo da nanoescala possui coisas que são, mais ou menos, um bilhão de vezes menores do que nós. Essa é a escala das macromoléculas, onde dezenas e centenas de átomos se juntam para formar estruturas muito maiores, incluindo as proteínas e gorduras em nossos corpos. Também incluem as moléculas no coração dos plásticos, como o nitrato de celulose usado para criar celuloide, ou a lignina que é removida da madeira para fabricar o papel. Buracos na estrutura dessa escala criam uma ótima espuma, como a do aerogel. Trata-se de estruturas que aparecem neste livro sob diferentes disfarces. O que as une é que expressam suas características em uma nanoescala, e são as manipulações nessa escala que vão afetar suas propriedades. Os humanos controlaram a nanoescala por milhares de anos, mas só indiretamente, usando química ou a metalurgia em um forno. Quando um ferreiro atinge um pedaço de metal, ele está mudando o formato dos cristais de metal dentro dele ao "nuclear" deslocamentos em nanoescala – em outras palavras, fazendo transferências de átomos de um lado do cristal para o outro à velocidade do som. Não vemos esses mecanismos de nanoescala, claro. Em nossa escala, simplesmente vemos o metal mudando de formato. É por isso que percebemos o metal como monolítico e como uma lousa: todos os intricados mecanismos dos cristais eram incompreensíveis até muito recentemente.

A razão pela qual *nanotecnologia* é uma palavra tão na moda hoje é porque agora temos microscópios e ferramentas para manipular diretamente estruturas nessa escala, criando, assim, uma quantidade muito maior dessas nanoestruturas. Agora é possível criar estruturas nessa escala que vão coletar luz e guardá-la como eletricidade, criar fontes de luz e até criar nanopartículas que conseguem sentir cheiros. As possibilidades parecem ilimitadas, mas o que é mais interessante é que muitas das estruturas nessa escala conseguem se automontar, o que significa que os materiais são capazes de se organizar. Pode parecer estranho, mas está perfeitamente alinhado com as leis da física existentes. A diferença crucial entre o motor do carro e o nanomotor é que, no caso da nanoversão, as forças físicas que dominam nessa escala, como as forças eletroestáticas e de tensão de superfície, que podem juntar as coisas, são muito fortes, enquanto as forças gravitacionais são muito fracas. Na escala de um carro, de longe a força mais importante é a gravitacional da Terra, que tenta separar os vários pedaços do motor. O resultado é que as nanomáquinas podem ser criadas para se montarem usando as forças eletrostáticas e de tensão da superfície (e se consertarem da mesma forma). Muitas dessas máquinas moleculares já existem dentro das células, que é como elas se montam, enquanto que, na escala humana, precisamos de coisas como músculos e cola.

Nanoestruturas ainda são muito pequenas para vermos ou até sentirmos; então, para integrá-las em um objeto material com o qual podemos interagir, precisamos agrupá-las e conectá-las em estruturas microscópicas, que são dez a cem vezes maiores, mas mesmo assim ainda invisíveis. Essa é a escala na qual encontramos um dos maiores triunfos tecnológicos do século XX: o chip de silício. Esses chips são pequenas coleções de cristais de silício e condutores eletrônicos, e são o motor básico do mundo eletrônico. Há bilhões deles dentro das muitas máquinas eletrônicas que nos

DE QUE SÃO FEITAS AS COISAS

cercam – tocam nossa música, tiram nossas fotos e lavam nossas roupas. São o equivalente artificial dos neurônios em nossos cérebros e existem na mesma escala dos núcleos dentro de nossas células. O mais estranho é que eles não contêm nenhuma parte móvel, usando somente as propriedades elétricas e magnéticas de materiais para controlar o fluxo de informação.

Essa também é a escala das células biológicas, de cristais de ferro, das fibras de celulose de papel e das fibrilas de concreto. Na mesma escala, ainda encontramos outra incrível estrutura artificial: a microestrutura do chocolate. Aqui, os seis tipos de estrutura de cristal de manteiga de cacau, cada uma com uma diferente temperatura de derretimento, criam texturas muito diferentes no chocolate. Também nessa escala estão os cristais de açúcar e os grãos de cacau sólidos contendo as moléculas de sabor do chocolate. Controlar essa microestrutura significa controlar o gosto e a textura do chocolate, e essa é grande parte da técnica do fabricante do chocolate.

Nessa microescala, os cientistas de materiais estão começando a criar estruturas que são capazes de controlar a luz. Esses chamados metamateriais podem ser formados com índices de refração variáveis, o que significa que podem dobrar a luz da forma que quiserem. Isso criou a primeira geração de escudos de invisibilidade que, quando cercando um objeto, dobram a luz ao redor. Dessa forma, de qualquer direção que você tentar observar, ele parece desaparecer.

A macroescala une as estruturas atômicas, as nanoestruturas e as microestruturas. É apenas a ponta do que podemos ver. A tela de toque de um smartphone é um bom exemplo dessa estrutura. Parece macia e sem detalhes, mas se você colocar uma gota de água na tela, ela vai atuar como uma lente e permitir que você veja que é, na verdade, feita de pequenos pixels vermelhos, verdes e azuis.

274

Todos esses pequenos cristais líquidos podem ser controlados individualmente, permitindo que se combinem na escala humana para representar todas as cores no espectro visual, e podem ser ligados e desligados rápido o suficiente para tornar possível assistir a filmes. A porcelana é outro bom exemplo do efeito das mudanças na macroescala: é aqui que todos os diferentes vidros e estruturas de cristais se combinam para produzir um material forte, macio e opticamente dinâmico.

A escala em miniatura combina as estruturas atômicas, nanoestruturas, microestruturas e macroestruturas em uma estrutura que é quase invisível a olho nu. Essa é a escala de um pedaço de barbante ou um fio de cabelo, a escala de uma agulha e a grossura da linha desse tamanho de fonte. Quando você olha e sente o grão de madeira, está vendo e sentindo a combinação de todas essas estruturas em escala miniatura. É essa combinação que dá à madeira sua sensação característica de ser rígida, mas não muito dura, de ser leve e quente. Da mesma forma, cordas, cobertores, tapetes e, mais importante, roupas são feitas nessa escala, e a força, flexibilidade, cheiro e sensação desses materiais são o resultado, a essa escala, da combinação de todas as estruturas incorporadas dentro delas: uma linha de algodão pode parecer, superficialmente, parecida com uma linha de seda ou kevlar, mas são os detalhes escondidos de suas estruturas atômicas, nano, micro, macro e miniatura que fazem a diferença entre algo que pode proteger contra uma faca ou parecer tão macio quanto um creme. É nessa escala que nosso sentido de toque se relaciona com os materiais.

Finalmente, chegamos à escala humana, a escala na qual todas as estruturas precedentes combinam e na qual encontramos as coisas que podemos segurar nas mãos, habitar com nossos corpos ou colocar, com os talheres, em nossas bocas. Essa é a escala da escultura e da arte, do encanamento e da cozinha, das joias e

DE QUE SÃO FEITAS AS COISAS

da construção de prédios. Materiais nessa escala são objetos reconhecíveis, como tubos de plásticos, de tinta a óleo, grupo de pedras, pães e pinos de metais. A essa escala eles parecem cada vez mais grupos monolíticos de matéria, mas já vimos que essa não é a verdade. Mas como é só com a magnificação que as profundezas escondidas desses materiais são reveladas, só no século XX descobrimos essa arquitetura multiescala que habita todas as coisas ao nosso redor. É isso que explica por que todos os metais parecem iguais, mas se comportam de modo bastante diferente, por que alguns plásticos são esticados e macios enquanto outros são duros, e como podemos transformar areia em arranha-céus. É uma das conquistas mais incríveis da ciência dos materiais, porque explica muitas coisas.

Apesar do fato de que criar estruturas em diferentes escalas nos permitiu criar novos materiais, o verdadeiro desafio do século XXI é conectar as estruturas criadas em todas essas escalas em um objeto macroscópico do tamanho do ser humano. Mesmo que os smartphones sejam um exemplo desta integração, combinando uma tela macroescala sensível ao toque com eletrônica em nanoescala, a possibilidade de que objetos inteiros podem ser totalmente conectados, como se estivessem permeados por um sistema nervoso, agora está se tornando algo concebível. E se pudermos conseguir isso, então um dia salas inteiras, edifícios, talvez até pontes poderão gerar sua própria energia, direcionada para onde for necessária, detectando os danos e se autorrecuperando. Se isso parece ficção científica, lembre-se que é algo que materiais vivos já fazem.

Como todas as pequenas escalas de um material estão encapsuladas nas maiores, quando as coisas aumentam de tamanho, elas se tornam mais complexas. Isso significa que o mundo das partículas subatômicas e da mecânica quântica, apesar de ser geralmente percebida como a parte mais complexa da ciência, é, na realidade, muito menos complexa do que, digamos, uma petúnia. Isso há muito já foi reconhecido por biólogos e médicos, cuja ciência foi impulsionada por métodos empíricos e experimentais (em vez de teóricos) por tanto tempo, precisamente porque os organismos que eles estudam, sendo grandes e vivos, são tão complexos a ponto de desafiar a descrição teórica. Mas como a tabela de escalas mostra, a matéria viva não é, em algum sentido, diferente conceitualmente da matéria não viva. O que distingue muito as duas é que nos materiais vivos encontramos um grau extra de conectividade entre as diferentes escalas: materiais vivos organizam ativamente sua arquitetura interna, estabelecendo comunicação entre as diferentes escalas do organismo. Em um material não vivo, um estresse mecânico imposto em escala humana possui todos os tipos de efeitos em escalas diferentes, fazendo com que muitos mecanismos internos reajam em resposta: como resultado, ele pode mudar de formato, quebrar, ecoar ou enrijecer. Um material vivo, contudo, pode detectar que esse estresse está ocorrendo e adotar um curso de ação em resposta: poderia retroceder ou instruir todo o organismo a fugir. Obviamente, há uma grande amplitude desses comportamentos animados: o galho de uma árvore se comporta de forma passiva, como um material inanimado, na maior parte do tempo, enquanto a perna de um gato está definitivamente animada na maior parte do tempo. Uma das maiores questões na ciência é se a comunicação entre as escalas combinadas com respostas ativas é uma explicação suficiente do que faz com que algo esteja vivo. Tal hipótese não significa diminuir a importância dos seres vivos, mas ao contrário, aumentar a dos materiais inanimados: eles são muito mais complexos do que parecem.

Por mais rápido que seja o ritmo da mudança em nossa tecnologia até agora, a organização fundamental de materiais no planeta não se alterou. Há coisas vivas que chamamos vida, e há coisas não vivas que chamamos rochas, ferramentas, prédios e assim por

DE QUE SÃO FEITAS AS COISAS

diante. Como resultado de nossa maior compreensão de matéria, no entanto, essa distinção provavelmente vai se tornar mais borrada quando entrarmos em uma nova era de materiais. Pessoas biônicas com órgãos, ossos e até cérebros sintéticos serão a norma.

O que nos faz humanos, no entanto, não é apenas a materialidade física de nossos corpos, sintéticos ou não. Habitamos um mundo imaterial, também: o mundo das nossas mentes, nossas emoções e nossas percepções. Mas o mundo material, apesar de separado, não está totalmente divorciado desses mundos – o influencia muito, como todos sabem: sentar-se em um sofá confortável afeta nosso estado emocional de uma forma muito diferente de estar sentado em uma cadeira de madeira. Isso acontece por que, para os humanos, os materiais não são apenas funcionais. As primeiras evidências arqueológicas mostram que assim que começamos a desenvolver ferramentas, também começamos a criar joias decorativas, pigmentos, arte e roupas. Esses materiais foram desenvolvidos por razões estéticas e culturais, e isso foi um forte motivador da tecnologia de materiais por toda a história. Devido a essa forte conexão entre os materiais e seu papel social, os materiais que favorecemos, os materiais com os quais nos cercamos são importantes para nós. Eles significam algo, incorporam nossos ideais, nos fornecem parte de nossa identidade.

Esse significado material está embutido no tecido de nosso mundo e se sobrepõe à sua utilidade. O metal é muito duro e forte, então faz sentido construir máquinas com ele, mas a confiabilidade e a resistência associadas a metais também são usadas conscientemente por designers para dar essas qualidades a seus produtos. O visual do metal é parte da linguagem do design industrial: fala da Revolução Industrial que nos deu transporte em massa e a Era da Máquina. O fato de que podemos produzir e moldar metais em massa é parte de quem somos. Admiramos esse material porque é nosso burro de carga confiável, duro e mecanicamente forte; todos confiamos nele sempre que entramos em um carro ou um trem, sempre que colocamos nossas roupas na máquina de lavar, sempre que depilamos nossos corpos.

Porque temos uma longa história, nossa cultura de materiais é complicada. Pelas mesmas razões pelas quais admiramos o metal – sua associação com a indústria, por exemplo –, podemos não gostar dele. Materiais têm múltiplos significados, então minha escolha dos vários adjetivos que dão títulos aos capítulos não é definitiva. São escolhas pessoais e cada capítulo está escrito a partir de uma perspectiva pessoal, ilustrando que todos temos relacionamentos pessoais com nosso mundo material, e aqueles são simplesmente os meus.

Todos somos sensíveis aos significados dos materiais, consciente ou subconscientemente. E como tudo é feito de tudo, esses significados penetram nossas mentes. Somos bombardeados por eles constantemente em nosso ambiente. Não importa se estamos em uma fazenda ou na cidade, em um trem ou avião, em uma biblioteca ou um shopping center, eles nos afetam. Claro, designers e arquitetos conscientemente usam esses significados para criar roupas, produtos e prédios que gostamos, com os quais nos identificamos, com os quais queremos nos cercar. Dessa forma, os significados dos materiais são reforçados por nosso comportamento coletivo e por isso assumem um significado coletivo. Compramos roupas que refletem o tipo de pessoas que queremos, aspiramos ser, ou somos forçados a ser – designers de moda são especialistas nesses significados. Mas, em cada aspecto das nossas vidas, escolhemos materiais que refletem nossos valores em nossos banheiros, em nossas salas, em nossos quartos. Da mesma forma, outros impõem seus valores sobre nós no local de trabalho, nas nossas cidades e em nossos aeroportos. Há reflexão, absorção e expressão

Uma olhada final na minha foto no terraço da minha casa. Espero que, como resultado da leitura desse livro, você consiga vê-la de uma forma diferente...

contínuos acontecendo no mundo material que constantemente remapeiam os significados dos materiais ao nosso redor.

Esse mapeamento, no entanto, não é uma via de mão única. O desejo por, digamos, tecidos mais fortes, mais confortáveis, à prova d'água ou porosos torna necessário entender as arquiteturas internas dos materiais que são exigidas para criá-los. Isso impulsiona nossa compreensão científica e impulsiona a ciência dos materiais. De uma forma muito real, então, os materiais são um reflexo de quem somos, uma expressão em várias escalas de nossas necessidades e de nossos desejos humanos.

Agradecimentos

Desde muito pequeno, minha curiosidade foi incentivada por ter um pai que era cientista: um homem que trazia para casa garrafas de ácido marcadas com PERIGO; que realizava experiências em seu laboratório no porão; e que comprou uma das primeiras calculadoras Texas Instruments. Tenho três irmãos: Sean, Aron e Dan. Quando éramos crianças, exploramos o mundo de uma maneira muito tátil, construindo, cavando, quebrando, cutucando e pulando. Isso tudo era feito sob os olhos benéficos de minha mãe, que aprovava o ar fresco, a comida e os cabelos penteados. Todos nós, meninos, ficamos prematuramente carecas quando ainda éramos jovens, então não pudemos lhe dar o prazer, mais tarde, de explorar estilos de cabelo mais arrumados; mas todos adoramos cozinhar e isso é um tributo a ela. Sinto muita tristeza por ela ter morrido em dezembro de 2012 e não ter visto este livro impresso.

Minha educação na ciência de materiais começou realmente no Departamento de Materiais da Universidade de Oxford, e quero agradecer a todos os professores e funcionários, especialmente meus tutores: John Martin, Chris Grosvenor, Alfred Cerezo, Brian Derby,

DE QUE SÃO FEITAS AS COISAS

George Smith, Adrian Sutton, Angus Wilkinson e, claro, o chefe do departamento, Peter Hirsch. Aprendi muito com Andy Godfrey, com quem dividi uma sala quando era aluno de doutorado.

Quando saí de Oxford, em 1996, me mudei primeiro para os EUA para trabalhar no Laboratório Nacional de Sandia, depois no University College Dublin, trabalhando no Departamento de Engenharia Mecânica, aí no King's College de Londres e, finalmente, na University College London, onde estou agora. Há muitas pessoas com quem aprendi coisas importantes nesse caminho. Tenho uma dívida especial com Elizabeth Holm, Richard LeSar, Tony Rollett, David Srolovitz, Val Randle, Mike Ashby, Alan Carr, David Browne, Peter Goodhew, Mike Clode, Samjid Mannan, Patrick Mesquida, Chris Lorenz, Vito Conte, Jose Munoz, Mark Lythgoe, Aosaf Afzal, Sian Ede, Richard Wentworth, Andrea Sella, Harry Witchel, Beau Lotto, Quentin Cooper, Vivienne Parry, Rick Hall, Alom Shaha, Gail Cardew, Olympia Brown, Andy Marmery, Helen Maynard-Casely, Dan Kendall, Anna Evans Freke, David Dugan, Alice Jones, Helen Thomas, Chris Salt, Nathan Budd, David Briggs, Ishbel Hall, Sarah Conner, Kim Shillinglaw, Andrew Cohen, Michelle Martin, Brian King, Deborah Cohen, Sharon Bishop, Kevin Drake e Anthony Finklestein.

Minha apreciação sobre o assunto cresceu muito depois de trabalhar com algumas excelentes organizações na montagem de eventos e exibições, e fazer programas sobre materiais. Gostaria de agradecer ao Festival de Ciências de Cheltenham, à Wellcome Collection, ao Tate Modern, ao V&A, ao Southbank Centre, à Royal Institution, à Royal Academy of Engineering, à Unidade de Ciências da BBC Radio 4 e ao Departamento de Ciências da BBC TV.

O Institute of Making da UCL é um lugar muito especial, um lar intelectual, e quero agradecer a toda a equipe por sua amizade e seu apoio enquanto eu escrevia este livro: Martin Conreen, Elizabeth Corbin, Ellie Doney, Richard Gamester, Phil Howes, Zoe Laughlin, Sarah Wilkes e Supinya Wongsriruksa.

Quero agradecer àqueles que viram e comentaram capítulos especiais: Phil Purnell, Andrea Sella e Steve Price.

Há também aqueles que não só comentaram sobre o livro enquanto ele ia sendo escrito, como também me encorajaram a continuar. Um grande agradecimento a meu amigo Buzz Baum; a meu querido pai, irmãos, cunhadas, sobrinha e sobrinhos; e aos membros da oficina de pesquisas Perugia 2012, de Enrico Coen.

Este livro não teria acontecido se não fosse pela visão e pelo encorajamento de meu agente literário, Peter Tallack, e por toda a equipe Penguin/Viking. Em particular, preciso agradecer a meu editor Will Hammond que, mais que qualquer outro, me deu a confiança para escrever.

Finalmente, este livro foi escrito bem quando meu filho Lazlo estava perto de nascer. Ele e sua mãe Ruby são as forças criativas que fluem pelas páginas.

Leituras recomendadas

BALL, Philip. *Bright Earth*: The Invention of Colour. Vintage (2008).

COTTERILL, Rodney. *The Material World*. CUP (2008).

FARADAY, Michael. *A história química de uma vela*. Contraponto Editora (2009).

FENICHELL, Stephen. *Plastic*: The Making of a Synthetic Century. HarperCollins (1996).

GORDON, J. E. *New Science of Strong Materials*: Or Why You Don't Fall Through the Floor. Penguin (1991).

_____. *Structures*: Or Why Things Don't Fall Down. Penguin (1978).

HOWES, Philip; LAUGHLIN, Zoe. *Material Matters*: New Materials in Design. Black Dog Publishing (2012).

LEFTERI, Chris. *Materials for Inspirational Design*. Rotovision (2006).

LEVI, Primo. *A tabela periódica*. Relume-Dumará, (2001).

MARTIN, Gerry; MACFARLANE, Alan. *The Glass Bathyscape*: How Glass Changed the World. Profile Books (2002).

McGEE, Harold. *Comida e Cozinha – Ciência e Cultura da Culinária*. WMF Martins Fontes (2014).

McQUAID, Matilda. *Extreme Textiles*: Designing for High Performance. Princeton Architectural Press (2005).

SMITH, Cyril Stanley. *A Search for Structure*: Selected Essays on Science, Art and History. MIT Press (1981).

STREET, Arthur; ALEXANDER, William. *Metals in the Service of Man*. Penguin (1999).

Índice remissivo

Nota: Ilustrações são indicadas por *itálico.*

aço 8-9, 11, 13, 23, 31-40, 96
  afiação 37-8
  no concreto armado 88-90
  inoxidável 9, 39-41, 252, 269
  lâminas 8, 23, 25-6, 31, 33, 37-8, 41
  tamahagane 34-5
acrílico 171
açúcar 104, 107, 111, 113, 119, 120
aerogéis 123-44, 272
  carbono 143
  Kistler e a invenção de 126-30
  e NASA 10, 125-6, 136-41, *142*
  ovo 130
  propriedades de isolamento térmico 132-5, *133*, 142-3
  sílica 129, 130-2, *131*, *133*, 135, 138-9
  superabsorventes 143
  x-aerogéis 143
afloramento 104, *105*
alcalifílicas, bactérias 95
algodão 275
  fibras nas cédulas 68-9, *68*
algodão-pólvora 155
alumínio 81, 219, 270
  em cometas 141
  ligas 13, 39
  óxido 30

sulfato 49

amálgama 249-50

âmbar negro 216

anestesia 249

antioxidantes 120

anúncio do Flake, da Cadbury 117-8, *118*

arco-íris 196

areia 34, 184, 187, 276

fulguritos 187-8, *188*

armas 7, 8, 30, 32, 33, 41

arsênico 30, 42, 160, 161

artificiais, órgãos do corpo 257-62, 263-4

artrite 253-4, 255

artrite reumatoide 253-4

Artsutanov, Yuri 221

árvores de cacau 108, *109*

ataduras 247-8

Atartük, Mustafa Kemal 161

atividade vulcânica 84, 95, 209

atletismo, e fibra de carbono 221

átomos 16, *31*, 133, *194*, 206, 269

carbono *159*, 207-8, 210, 212-6, 222-3

cristal de barro 233-35, *235*

cristal de metal 25-7, *26*, *28*, 30, *31*, 39, 269

cromo 269

diamante *209*, 210, 214

elétrons *ver* elétrons

grafite 212-4, 215

e mecânica quântica 16, 31, 195, 225, 271, 276

números da Terra *58*

oxigênio 111, *159*, 193, 270

raros 270-1

silício 193, 270

tamanho 269

no vidro 191, 193, 200

avião 219

motores a jato 13

azeviche 216

bactérias

alcalifílicas 95

e filtercrete 96

Bakelite 180

Barbican Centre 97

barro

átomos 233-35

caulim 64, 237, 240

cristais 233-35, *235*

Bessemer, Henry 36

Bíblia 53

bicicletas, fibra de carbono 220

bilhar 150, 151-2

bolas 147-56, 158, 160, 162, 177

bilhar, jogo 148-51, 155-6, 158, 177

bioimplantes 16, 246, 263-4, 278

biomateriais 246, 272, 278

amálgama 249-50

andaime 257-61, *258*, *260*

biovidro 257, *258*

cerâmica 13, 254
dentais 249-50
para engenharia de tecidos 257-62, *260*
implantes sintéticos 264, 277-8
osteointegradores 252-3
para substituição de juntas do joelho 255-6
para substituição de juntas do quadril 254-5
para substituição de traqueia 258-60, *260*
titânio 251-2, 254, 255
biônica 16, 246, 264, 278
biorreatores 257-8, 259
Boardman, Chris 220
borosilicato, vidro (Pyrex) 196-7
Böttger, Johann Friedrich 238-9
Bragg, William 134-5
Brearley, Harry 38-40
bronze 16, 30, 42, 144
Brunel, Isambard Kingdom 12
buckybolas 222, *222*
Butch Cassidy 146, 179-80

cafeína 107, 115, 119, 120
calcário 80
cálcio 270, 272
carbonato 47, 65, 80, 95
silicato 80, 82, *82*, 88, 92, 95, 128
calcita 95
cálculos no verso de um envelope 58-9, *58*

câmeras 171, 174-5
canabinoides 116
canecas 243-4
canetas de iodo 69
cânfora 165, 171
carboidrato 111, 112
ver também açúcar
carbonato de sódio 186, 189
carbono 31-2, 111, 206-27, 271
aerogéis 143
átomos *159*, 207-08, 210, 212-6, 222
buckybolas 222, *222*
camadas hexagonais 215-6, 224
carbono-14 207
carvão mineral 16, 215-6
carvão vegetal 31, 34, 111, 215
e cromo 39
diamantes *ver* diamantes
fibra 219-22
grafeno 225-7, *225*
grafite 206-7, 212-5, *213*, 217, 224-5, 226, 271
liga com ferro *ver* aço
ligação dupla carbono-carbono 111
lonsdaleíta 218-9
nanotubos de 223-4, *223*
cartão encerado 44
cartas de amor 74-5, *74*
cartilagem 254, 256
reconstrução 256-7
carvão mineral 16, 215-6

fogo alimentado por 81, 241

carvão vegetal 31, 34, 111, 215

caulim 64, 237, 240

cédulas 68-9, *68*

células condroblastos 256-7

células da pele 263

células mesenquimatosas 259

células solares 16

células-tronco 256, 259, 260, *260*, 263

celuloide 13, 157, 158, *159*, 162-5, 168-9, 170-5, 272

   filme 174, 175

   ver também nitrocelulose

celulose 47, *54*, 55, *60*, 62-3, 65, 69, 274

   nitrato 154-5, 156, *159*, 165, 272

     ver também celuloide

     ver também papel

cerâmica 17, 230-44

   aquecimento 234-5, *235*, 237, 241-2

   e caulim 237

   cerâmica/louça 88, 232, 233, 236, 243-4

   e cristais de barro 233-5, *235*

   dentária 13

   esmaltada 236

   gesso 247-8

   médica 13, 254

   porcelana *ver* porcelana

   primeiras 232

   terracota 232-3, 234, 235-6, 243

cerâmica/louça 88, 232, 233, 236, 243-4

   ver também cerâmica

CERN 136

chineses 192, 192-3, 236-9

chocolate 102-21

   afloramento 104, *105*

   anúncio do Flake, da Cadbury 117-8, *118*

   atividade cerebral quando comemos 116

   cheiro 107, 111

   chocolatl 112

   constituintes do chocolate escuro 107

   consumos nacionais 118

   cozinhado 107-8

   derretimento na boca 103, 105-6, 106, 113, 116

   e frutos do cacau 108-12

   ingredientes psicoativos 115-6

   leite 114-5

   ponto de derretimento 105

   e saúde 119-20

   vício 115-6, 120-1

chumbo 27, 192

   "chumbo" de lápis *ver* grafite

cimento 81-2, 233

cinema 146-7, 179-81, 211-2

cinzas de ossos, porcelana de 239-44

cinzéis de cobre 29

cirurgia plástica 13, 181

clipes de papel 27

cobre 27, 29, 30
   como uma liga do ouro 29-30
colágeno 126, 256
colódio 155, 158, 162, 163, 165
cometas 137, 141
   cometa Wild 2 125, 139, 140-1
comida, e psicofísica 17, 102-21
composto de resina 250
concreto 65, 79-99, 233
   autolimpante 98-9, *98*
   autorrecuperável 95
   estabelecimento 80
   estética 97-8
   fabricação 80-2
   fibrilas 88, 92, 95, 274
   filtercrete 96
   força 83
   manutenção 94
   rachaduras 86-7, 93-4, 95
   armado 88-90, 91-2
   romano 83-4, 85-6, 86
   tecido 96, *96*
Conreen, Martin 10
contração de materiais 88-9
copos de cerveja 198-9, 202
coração 260-1
cristais
   barro 233-5, *235*
   deslocamentos na estrutura cristalina dos metais 26-7, *28*, 30, 86, 268, 272
   difração dos elétrons 135

gordura/manteiga de cacau 102, *102*, 103-6, 274
metal 25-7, *28*, 30, 31, *31*, 51, 268-9, 273-4
silício 273 *ver também* silício: chips
zircônia 218
crocância, psicofísica da 17
cromo
   e carbono 39
   impurezas de 30
   óxido de 40, 269
cromóforos 48-9
Cullinan, diamante, Grande Estrela da África 208-10, 210-11

datação por carbono radioativa 207-8
DeBeers 212
delignificação 47
dentária, cerâmica 13
dentes, obturação 249-50
deslocamentos, na estrutura cristalina 26-7, *28*, 30, 86, 268, 272
diamantes 208-12, *209*, 216-7, 226-7, 271
   e amor romântico 212
   anel de noivado 212
   dureza 38, 210, 218
   estrutura atômica *209*, 210, 213
   leveza 211
   planeta de diamante 208
   pó de diamante 37-8
   roubo 210-1

sintéticos 217-8

tamanho 208

Diana, Princesa de Gales 161

dinheiro, papel 68-9, *68*

dispersão de Raleigh 132

Duxbury, Tom 140

e-books 71

Eastman, George 171-5

Edison, Thomas 215

elastômeros 180

eletrônico, "papel" 70-1, *70*

elétrons 193-5, 271

    carbono 208, 210, 214-5, 225

    cristal de barro 234

    diamante 210, 215

    difração em cristais 135

    grafeno 225

    grafite 214-5

    túnel de Klein 225

Elevador Espacial 221-2

embalsamento 160, 161

embrulho, papel de 54-5

engenharia de tecidos 257-8

envelopes 58-9, *58*

enxofre 84, 171, 216, 270

escaravelho de Tutancâmon 187-8, *189*

escudos de invisibilidade 274

espadas 32, 34-5

espadas de samurai 34-5

espelhos 190, 202

esportes, e fibra de carbono 220-1

espuma 143, 268, 272

    aerogéis *ver* aerogéis

estanho 30

    na amálgama 249

    no bronze 30

    éster 108

Evans, Donna 117, *118*

Excalibur 33

expansão de materiais 88-9

feldspato 237, 239

ferida de faca 7-8

Fermi, Enrico 58

ferramentas 24, 25, 27, 32, 218

    cobre 29

ferro 23, 31-3, 81, 270

    cristais 31, 39, 274

    hidróxido 93

    impurezas 30

    ligas com carbono *ver* aço

    óxido (III), (ferrugem) 39, 94, 234

ferrugem 39, 94, 234

fibras

    algodão 68-9, *68*, 275

    atadura 247

    carbono 219-22

    cartilagem 256

    celulose *ver* celulose

    Kevlar 15, 138, 275

fígado 260-1

filme fotográfico, celuloide 171, 174-5

filtercrete 96

forças Van der Waals 213-4, 219

formaldeído 160, 161

fotografia 170-5

fotográfico, papel 44, 50-1, *50*

frutos de cacau 108-12

Fry and Sons 113, *114*

fulguritos 187-8, *188*

fumaça 240

fundentes 186, 189

Geim, Andre 206-7, 214, 215, 224

géis 51, 81, 127-8, 268

    aerogéis *ver* aerogéis

    no cimento 81

    gelatina *ver* gelatina

    sensível à luz 172

gelatina 81, 126-9, 136

    esqueleto interno 81, 127-9, *130*, 131

    ver também aerogéis

gesso 247

Gillette, King Camp 38

glicerina 154

Goodyear, Charles 150, 158

gordura/manteiga de cacau 102-3, 106-7, 112, 113-4, 119-20

    cristais 102, *102*, 103-6, 274

gotas do Príncipe Rupert 199-200

grafeno 225-6, *225*

grafite 206-7, 212-5, *213*, 217, 224-5, 226, 271

grampo/grampeador 9

Grande Estrela da África, diamante 208-10, 210-11

Hagens, Gunther von 161

    Body Worlds 13, 162

Haiti, devastação do terremoto 83

Hefesto 42

Hench, Larry 257

Henry Bessemer & Co. 37

hidrogênio 49, 63, 111, 271

hidroxiapatita 257

higiênico, papel 45, 60-1, *60*

Hofmann, August Wilhelm von 161

Homem de Seis Milhões de Dólares, O 246

Hyatt, John Wesley 151-7, 158, 162-4, 165, 171-4, 175-9

Idade da Pedra 23-4, 27-8

    ferramentas 24-5

Igreja do Jubileu 98, *98*

implantes sintéticos 264

impressoras 3D 258-9, 262

índices de refração 130-1, 195, 201, 274

inoxidável, aço 9, 39-41, 252, 269

Institute of Making, UCL 10

isolamento, aerogel 132-5, *133*, 142-3

janelas 192-3, 202, 203
 invenção da janela de vidro pelos
  romanos 189-90
 para-brisas 184, 200, 203
 vidro duplo/múltiplo 133-4, 143
 vitrais 192
japoneses 192-3
jardins em terraços 90
joias da Coroa 208, 209
jornais 72-3, *72*

Kapoor, Anish: *Cloud Gate* 41
Kevlar 15, 138, 275
Kistler, Samuel 126-30, 134-6
Kroto, Harry 222

lâminas 8, 23, 25-6, 31, 33, 37-8, 41
Lajic, Radivoke 24, *24*
Laughlin, Zoe 10
Lavoisier, Antoine 216-7
Lee, Wen Ho 124
Lefferts, Marshall, general 151-7, 158
Lenin, Vladimir 161
lentes 195, 202
Lewis, David 116
ligamentos 251
ligas 13, 30-2, 38-40, 249-50
 alumínio 13, 39
 amálgama 249-50
 ferro-carbono *ver* aço
 ouro 29-30, *31*

superligas de níquel 13
lignina 46-7, 48-9, 272
lignito 198
lingotes de tungstênio 10
livros 52-3, *52*, 71
 e-books 71
lonsdaleíta 218-9
louça *ver* cerâmica/louça
Luís XV 9
Lumière, irmãos 179
luz 51, 69, 70, 111, 215, 274
 dispersão (Raleigh) 132
 refratada 130-1, 195, 274
 UV 98, 195, 231
 e vidro 131, 194-6
Lycra 180

madeira 25, 52, 81, 195, 215, 219, 230,
 238, 275
 cânfora 165, 171
 delignificação 47
 polpa 47, 155
magnésio 270
magnetita 34
malaquita 29
mandíbula artificial 262, *262*
marfim 150-1, 152-3, 254
materiais
 ciência dos 13-8, 268-81
 e átomos *ver* átomos
 e conexão de estruturas
  multiescala criadas 275-6

e elétrons *ver* elétrons

escalas e estruturas encaixadas 268-77

e estruturas encaixadas *270*

e mecânica quântica 16, 31, 195, 225, 271, 276

ver também materiais específicos

significados/cultura 71-3, 144, 203-4, 211-2, 232, 278-81

materiais biotecnológicos para andaime 257-61, *258, 260*

materiais para escrever 52-3

materiais vivos 256, 276-7

ver também cartilagem; ossos

matriz composta 65

mecânica quântica 16, 31, 195, 225, 271, 276

médica, cerâmica 13, 254

membros artificiais 15, 264

fibra de carbono 221

mercúrio, na amálgama 249

metais 23-41, 276, 278-9

aquecimento 25, 26

biomaterial 252-3, 254, 255

corrosão 37, 39

cristais 25-7, *28*, 30, 31, *31*, 51, 268-9, 273-4

deslocamentos na estrutura cristalina 26-7, *28*, 30, 86, 272

Idade da Pedra 23-4, 27-8

ligas *ver* ligas

maleabilidade 24-5, 27

em meteoritos 24

mudança estrutural por golpeamento 16-7, 25

ponto de derretimento 27

xícaras de metal 230-1

ver também metais específicos

metamateriais 274

meteoros/meteoritos 24, *24*, 137-8, 218-9

mica 239

microscópio eletrônico 26, 134

Monier, Joseph 88

Monsanto Corporation 135-6

motores a jato 13

Mushet, Robert Forester 36

nanoestruturas 272-4, 274

nanotecnologia 223, 226, 273-4, 276

NASA

aerogéis 10, 125-6, 136-41, *142*

missão Stardust 125-6, 138-41, *142*

natrão 189

Nature 127, 134

neodímio 271

Newton, Isaac 196

níquel 39, 270

superligas 13

nitrocelulose 154, 154-5, 156, *159*, 165

ver também celuloide

nitrogênio 132, 216, 271

óxido 98-9

nitroglicerina 154-5

nylon 180

Obree, Graeme 220
obturações dentais 249-50
olfato, sentido do 107-8
Opera House de Sydney 97
ópticas, lentes 195, 203
órgãos artificiais 257-62, 263-4
ossos 246-7, 248
   mandíbula artificial 262, *262*
   osteoblastos 257
   osteointegração 251-2
   regeneração 257-8
osteoartrite 253
osteoblastos 257
osteointegração 251-2
ouro 29-30, 144, 207, 211, 271
   ligas 29-30, *31*
ovo, aerogel 130
óxido de alumínio 234
óxido de boro 197
oxigênio 36, 39, 48-9, 80, 110, 132, 184, 216, 269, 270, 271
   átomos 111, *159*, 193, 270

Panteão, Roma 86, *87*
papel 44-75
   amarelamento 48-9
   brilhante 65, *65*
   como a coisa do amor 74-5, *74*
   copos 232
   dinheiro 68-9, *68*
   documentos 48, *48*
   eletrônico 70-1, *70*
   embrulho 54-5
   fabricação do 46-7, *46*
   feito de algodão 62, *68*
   fotográfico 44, 50-1, *50*
   higiênico 45, 60-1, *60*
   jornal 72-3, *72*
   processo de envelhecimento 49
   qualidade da textura 48-9
   recibos 56-7, *56*
   sacolas de 62, *62*
   tíquetes 66-7, *66*
papel social dos materiais 71-3, 144, 211-2, 232, 278-81
papilas gustativas 106-7
para-brisas 184, 200, 203
Parkes, Alexander 164-5
Parkesine 164-5
partículas Janus *70*, 71
pirâmides egípcias 29
Pistorius, Oscar 221
placas fotográficas 172-4
plásticos 146-81, 199, 276
   acrílico 171
   bolas de bilhar 147-56, 158, 160, 162, 177
   celuloide *ver* celuloide
   folhas de plástico 55
   índice de refração 201
   e jogo de bilhar 147-51, 155-56, 158, 178
   laminados 201
   Parkesine 164-5
   resina fenólica 158

em substituição de juntas do quadril 255
utensílios plásticos para beber 198-9, 231
Xylonite 162-3, 165
plastificação 161-2
platina 271
Plínio, o Velho 189
plumbagina *ver* grafite
polietileno 255
polímeros 13, 143, 260
Ponte Ferroviária Tay, desastre 35
porcelana 230, 237-44, 275
   chinesa 237-8
   cinzas de ossos 239-44
   dentes 250
potássio 272
Pozzuoli 83-4
prata 144
   na amálgama 249
   como uma liga do ouro 29-30, *31*
prensa mecânica 113
prismas 196
processo Bessemer 36-7, 38
psicofísica 17, 102-21
PVC 180
Pyrex 196-7

quartzo 184, *186*, 187, 234, 237, 239

radiação Cherenkov 136
raios 187

raquetes de tênis de fibra de carbono 220
reação Maillard 112
recibos 56-7, *56*
resina, composto 250
resina epóxi 213
resinas fenólicas 158
rim 260-1
rochas/areias vulcânicas 34, 84, 233
romanos antigos 32-3, 52-3, 83-4, 85-6, 87
   fabricação de vidro 189-92
roupas 14, 275, 278, 278-9
rubis 30
Ruska, Ernst 134

safiras 30
Santogel 135
Seifalian, Alex 259
Shard, Londres 78-9, 85, 90-1, *93*, 96-7, 99
sílica *186*, 250
   aerogel 129, 130-2, *131*, *133*, 135, 138-9
silicato 80
   ver também cálcio: silicatos
silício
   Era do Silício 12
   átomos 193, 270
   chips 12, 16, 22, 225, 273
   dióxido 129, 184-5
silicone 180
   implantes 13

sistema cardiovascular 263

smartphones 276

Spill, Daniel 164, 165

Stardust, missão, NASA 125-6, 138-41, *142*

Stardust@Home 141

Stoke-on-Trent 239-40

substituição de juntas do joelho 255-6

substituição de juntas do quadril 254-5

substituição de traqueia 258-60, *260*

taças de vinho 14, 190-1

tamahagane, aço 34-5

tecidos 15-6

tecido de concreto 96

algodão *ver* algodão

e x-aerogéis 143

ver também roupas

telas de toque 226, 274, 276

teobromina 107, 115, 119, 120

térmico, isolamento, aerogel 132-5, *133*, 142-3

terracota 232-3, 234, 235-6, 243

tintas 136, 162, 186

tíquetes 66-7, *66*

tiras de couro 37-8

titânio 251-2, 254, 255

dióxido 98-9

tomografia computadorizada 258

Torres Southwark, Londres 78

transparência 193-5

tridimensionais, impressoras 258-9, 262

triglicerídios 103, *104*

Trinitite, vidro 188

Tschirnhaus, Ehrenfried Walther von 239

tubos de ensaio 197

túnel de Klein 225

ultravioleta (UV), luz 98, 195, 231

urânio, vidro 10

vagens de cacau 108, *109*

Van Houten, empresa de chocolate 113

Viaduto Millau *92*

vidro 13, 14, 97, 129, 130-1, 184-204, *186*, 218

à prova de balas 201

aerogel de sílica 129, 130-2, *131*, *133*, 135, 138-9

bioativo 257, *258*

bolhas 191

borosilicato (Pyrex) 196-7

claro do deserto 187-8, *189*

copos de cerveja 198-9, 202

duplo/múltiplo 133-4, 143

endurecido 199-202

espelhos 190, 202

fabricação 184-93

e fluxos 187, 189

fragilidade 191-2

300

fulguritos 187-8, *188*

gotas do Príncipe Rupert 199-200

índice de refração 130-1, 195, 201

invisibilidade cultural 203-4

janelas *ver* janelas

laminado 200-2

lentes ópticas 195, 203

e luz 131, 194-6

para-brisas 184, 200

placas fotográficas 174

prismas 196

química transformada pelo 196-7

rachaduras 197

romano 189-92

soprar 190-1

taças de vinho 14, 190-1

transparência 193-5

Trinitite 188

tubos de ensaio 197

urânio 10

vinil 180

Vitória, Rainha 216

vitrais 192

volframita 10

Whitby 216

Wild 2, cometa 125, 139, 140-1

Wilkinson, William 89

Worth, Adam 210

x-aerogéis 143

xícaras de chá 86, 230-2, 236, 238, 240-3

Xylonite 162-3, 165

zircônia 250

cristais 218

zootrópios 179

Créditos das Fotos

1.2 Central European News.

2.10 Alistair Richardson.

2.11 OK! Syndication / www.expresspictures.com.

2.15 Roger Butterfield.

3.3 Network Rail.

3.5 Foster and Partners.

3.8 Cortesia do Grupo Italcementi.

4.6 Cadbury's.

5.3 NASA.

5.4 NASA.

5.5 NASA.

7.3 A. Carion.

7.4 John Bodsworth.

10.4 University College de Londres.

10.5 Universidade de Hasselt.

Traduções das figuras

(1)

11, Bonython Road,
Newquay (Cornwall)
11 de novembro de 1939

T. L. Horabin, M.P.
18, Lawrence Road,
South Norwood,
Londres, S. E. 25.

Caro Sr. Horabin,

Tenho a honra de entregar ao senhor cópias do meu formulário datado de 22 de agosto de 1939 e da minha carta datada de 8 de novembro de 1939, referindo-se ao caso que apresentei ao Home Office, e ficaria muito honrado se o senhor me informasse se a decisão do Departamento poderia ser tomada com rapidez. Não gostaria de incomodar, mas a situação na Bélgica parece tornar-se mais precária a cada dia e, junto com minha esposa, estamos muito ansiosos para que nosso filho, que tem nove anos, se junte a nós, podendo vir de Bruxelas para este país com um amigo que está fazendo a mesma rota.

Portanto, ficaríamos muito honrados se o senhor pudesse fazer o possível para nos ajudar tomando sua decisão o mais rápido possível.

Agradeço antecipadamente por sua disposição e gentileza, e aguardo ansiosamente sua estimada resposta.

Atenciosamente,

Ismar Miodownik

(2)

Você se lembra
A primeira noite fria que nos conhecemos
Quando você estava usando barba
E aquele cardigã marrom desajeitado
E eu usava meu casaco de pele falsa de leopardo
E eu fiz muitas perguntas
E queria te impressionar
Porque você parecia tão certo
E você e o vinho me deixaram ousada
E eu falei que deveríamos nos encontrar de novo
Tinha ensaiado na minha cabeça
Enquanto estávamos conversando
E você falou sim

E eu fui embora reluzindo
E sorrindo
E quando te vi de novo
E estávamos naquela estranha festa
Na qual você conversou com um homem
Com uma gravata borboleta
E eu saí com você
E fomos embora no *fog* congelante
E aquele bar russo estava fechado
E pegamos o ônibus certo
Ou foi um táxi
Para seu apartamento
Onde antes tínhamos tomado um coquetel
E você acendeu a lareira e fez
Chocolate quente
E nos sentamos no chão e nos beijamos
E eu passei a noite lá
E você me emprestou sua camiseta de Kurosawa
E eu fiquei com minhas leggings
E de manhã nós encontramos o Buzz
E tomamos café da manhã juntos
E esse foi o começo
Da mais preciosa parte da minha vida
E todo dia, eu penso
Como tive uma sorte incrível de te conhecer
E como nosso futuro parece animador
E cheio de amor
E de possibilidades

Estou com saudades, e está frio e estou usando seu cardigã marrom.

XXXR

Para você, que leu
DE QUE SÃO FEITAS AS COISAS

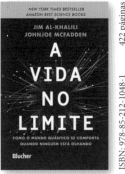

A VIDA NO LIMITE

Com experiências de vanguarda, Al-Khalili e McFadden mostram como a biologia quântica se aplica ao nosso mundo.

CIÊNCIA DE A a X

Barthélémy apresenta aspectos engraçados e surpreendentes, mostrando que é possível falar de ciência com humor.

OS MELHORES TEXTOS DE RICHARD P. FEYNMAN

Uma compilação dos melhores textos curtos de Richard Feynman, selecionados e organizados por Jeffrey Robbins.

POR QUE O CAFÉ ESFRIA TÃO RÁPIDO?

Nesta divertida narrativa, Oscar E. Fernandez nos mostra como enxergar o cálculo no café, nas estradas e até no céu estrelado.

GRÁFICA PAYM
Tel. [11] 4392-3344
paym@graficapaym.com.br